LE

BARÊME AGRICOLE

POUR L'ÉVALUATION

DES TERRES, DES PRÉS, DES VIGNES, ET LE PRIX DE LEUR FERMAGE;
DES RÉCOLTES EN GRAINS, EN VINS, EN HUILE, EN FOIN ET EN PAILLE;
DU RENDEMENT DES GRAINS EN FARINE ET EN HUILE;
DU PRIX DES GRAINS PAR LE MESURAGE ET LE PESAGE, PUIS PAR LE PESAGE ET LE MESURAGE;
DU PRIX DES FARINES ET DES LIQUIDES D'APRÈS LE PRIX DES GRAINS.

PAR LOUIS DESBOIS

Instituteur à Saunières (Saône-et-Loire).

EN VENTE :
CHEZ L'AUTEUR ET CHEZ TOUS LES LIBRAIRES
ET CHEZ J. MARCHAND, IMPRIMEUR A DIJON

—

1873

PRÉFACE

Depuis plus de trente ans que je suis comme Instituteur au milieu des populations, j'ai remarqué qu'elles ont toujours éprouvé de grandes difficultés pour l'évaluation des propriétés, des récoltes, des grains et de leurs rendements en farine, en fécule et en liquide. Ces évaluations variant de pays à pays, d'année à année, de jour en jour, leur échappent, et elles sont obligées d'avoir recours aux experts, aux mesureurs, aux meuniers et aux distillateurs pour se renseigner.

Frappé de l'utilité d'un ouvrage qui donnerait une solution exacte et permanente sur ces évaluations, c'est pourquoi, pour combler cette lacune, j'ai publié le Barême agricole, qui atteint exactement le but que je me suis proposé; puisque, par suite d'une ingénieuse disposition de chiffres, il donne en tous temps, en tous lieux, avec autant de précision que d'habileté, qu'elle qu'en soit la contenance ou la quantité, et quel qu'en soit le prix ou le cours, l'évaluation :

1° De la propriété et des fermages des terres, des vignes et des prés;

2° Des récoltes et des fourrages;

3° Des grains au poids et à la mesure;

4° Des rendements des grains, en farine, en fécule, en sucre, en huile et en eau-de-vie, au poids et à la mesure, et leurs prix d'après celui des grains.

Ce Barême est à la portée de toutes les intelligences. Pour s'en servir, on cherche dans la première colonne verticale, à gauche, la quantité demandée, qui est toujours comprise dans les vingt-quatre nombres qui composent cette colonne, par suite d'une addition, s'il y a lieu. Puis on cherche dans la première colonne horizontale le prix ou le cours de cette quantité, tel qu'il existe toujours dans chaque pays pour chaque chose, et qui se trouve toujours dans cette colonne, par suite d'une addition avec la colonne complémentaire, s'il y a lieu; et, à la rencontre de ces deux nombres, se trouve le produit demandé.

Le Barême agricole est une des plus importantes innovations sur cette matière, attendu qu'il est utile :

1° A l'Agriculture, parce qu'il n'existe encore point d'ouvrage de cette nature pour porter à la connaissance des populations rurales les produits de leurs occupations journalières;

2° Aux Ecoles primaires, pour initier de bonne heure les élèves à la comptabilité agricole, dont ce Barême est la base;

3° Aux Propriétaires, aux Cultivateurs et aux Experts, pour leur rendre compte des propriétés et de leurs produits, sous tous les rapports;

4° A l'Administration, pour aider les communes à dresser plus exactement les états statistiques agricoles annuels, ainsi que les déclarations de pertes éprouvées par suite des gelées, des grêles et des inondations, pour obtenir de l'Etat des secours ou des dégrèvements d'impôts;

5° A tous, parce que l'agriculture étant la base de la société, tous ont besoin de la connaître et d'encourager ceux qui s'en occupent dans un intérêt général.

DESBOIS.

PROPRIÉTÉ

ÉVALUATION DES TERRES

3 francs de fermage proviennent de 100 francs de propriété.

CONTENᶜᵉ	PRIX DE L'HECTARE DE TERRE.								PRODUIT complémʳᵉ
	MINIMUM.		MOYEN.				MAXIMUM.		
	Ferm. 24 Propr. 800	Ferm. 36 Prop. 1200	Ferm. 48 Prop. 1600	Ferm. 60 Prop. 2,000	Ferm. 72 Prop. 2,400	Ferm 84 Prop. 2,800	Ferm. 96 Prop. 3,200	Ferm. 108 Prop. 3,600	100
hect. ares.	fr. c.	fr. c.	fr. c.	fr. c.	fr. c.	fr. c.	fr. c.	fr. c.	fr. c.
0 01	8 00	12 00	16 00	20 00	24 00	28 00	32 00	36 00	1 00
0 02	16 00	24 00	32 00	40 00	48 00	56 00	64 00	72 00	2 00
0 03	24 00	36 00	48 00	60 00	72 00	84 00	96 00	108 00	3 00
0 04	32 00	48 00	64 00	80 00	96 00	112 00	128 00	144 00	4 00
0 05	40 00	60 00	80 00	100 00	120 00	140 00	160 00	180 00	5 00
0 10	80 00	120 00	160 00	200 00	240 00	280 00	320 00	360 00	10 00
0 15	120 00	180 00	240 00	300 00	360 00	420 00	480 00	540 00	15 00
0 20	160 00	240 00	320 00	400 00	480 00	560 00	640 00	720 00	20 00
0 25	200 00	300 00	400 00	500 00	600 00	700 00	800 00	900 00	25 00
0 30	240 00	360 00	480 00	600 00	720 00	800 00	960 00	1080 00	30 00
0 35	280 00	420 00	560 00	700 00	840 00	980 00	1120 00	1260 00	35 00
0 40	320 00	480 00	640 00	800 00	960 00	1120 00	1280 00	1440 00	40 00
0 45	360 00	540 00	720 00	900 00	1080 00	1260 00	1440 00	1620 00	45 00
0 50	400 00	600 00	800 00	1000 00	1200 00	1400 00	1600 00	1800 00	50 00
0 55	440 00	660 00	880 00	1100 00	1320 00	1540 00	1760 00	1930 00	55 00
0 60	480 00	720 00	960 00	1200 00	1440 00	1680 00	1920 00	2160 00	60 00
0 65	520 00	780 00	1040 00	1300 00	1560 00	1820 00	2080 00	2340 00	65 00
0 70	560 00	840 00	1120 00	1400 00	1680 00	1960 00	2240 00	2520 00	70 00
0 75	600 00	900 00	1200 00	1500 00	1800 00	2100 00	2400 00	2700 00	75 00
0 80	640 00	960 00	1280 00	1600 00	1920 00	2240 00	2560 00	2880 00	80 00
0 85	680 00	1020 00	1360 00	1700 00	2040 00	2380 00	2720 00	3060 00	85 00
0 90	720 00	1080 00	1440 00	1800 00	2160 00	2520 00	2880 00	3240 00	90 00
0 95	760 00	1140 00	1520 00	1900 00	2280 00	2660 00	3040 00	3420 00	95 00
1 00	800 00	1200 00	1600 00	2000 00	2100 00	2800 00	3200 00	3600 00	100 00

PROPRIÉTÉ

ÉVALUATION DU PRIX DE FERMAGE DES TERRES

100 *francs de propriété rapportent* 3 *francs de fermage.*

CONTENce	PRIX DU FERMAGE DES TERRES PAR HECTARE.								PRODUIT complémre 2
	MINIMUM.		MOYEN.				MAXIMUM.		
	Propr. 800 Ferm. 24	Prop. 1200 Ferm. 36	Prop. 1,600 Ferm. 48	Prop. 2,000 Ferm. 60	Prop. 2,400 Ferm. 72	Prop. 2,800 Ferm. 84	Prop. 3,200 Ferm. 96	Prop. 3,600 Ferm. 108	
hect. ares.	fr. c.	fr. c.	fr. c.	fr. c.	fr. c.	fr. c.	fr. c.	fr. c.	fr. c.
0 01	0 24	0 36	0 48	0 60	0 72	0 84	0 96	1 08	0 02
0 02	0 48	0 72	0 96	1 20	1 44	1 68	1 92	2 16	0 04
0 03	0 72	1 08	1 44	1 80	2 16	2 52	2 88	3 24	0 06
0 04	0 96	1 44	1 92	2 40	2 88	3 26	3 84	4 32	0 08
0 05	1 20	1 80	2 40	3 00	3 60	4 20	4 80	5 40	0 10
0 10	2 40	3 60	4 80	6 00	7 20	8 40	9 60	10 80	0 20
0 15	3 60	5 40	7 20	9 00	10 80	12 60	14 40	16 20	0 30
0 20	4 80	7 20	9 60	12 00	14 40	16 80	19 20	31 60	0 40
0 25	6 00	9 00	12 00	15 00	18 00	21 00	24 00	27 00	0 50
0 30	7 20	10 80	14 40	18 00	21 60	25 20	28 80	32 40	0 60
0 35	8 40	12 60	16 80	21 00	24 20	29 40	33 60	37 80	0 70
0 40	9 60	14 40	19 20	24 00	27 80	33 60	38 40	43 20	0 80
0 45	10 80	16 20	21 60	27 00	31 40	37 80	43 20	48 60	0 90
0 50	12 00	18 00	24 00	30 00	36 00	42 00	48 00	54 00	1 00
0 55	13 20	19 80	26 40	33 00	39 60	46 20	52 80	59 40	1 10
0 60	14 40	21 60	28 80	36 00	43 20	50 40	57 60	64 80	1 20
0 65	15 60	23 40	31 20	39 00	46 80	54 60	62 40	70 20	1 30
0 70	16 80	25 20	33 60	42 00	50 40	58 80	67 20	75 60	1 40
0 75	18 00	27 00	36 00	45 00	54 00	63 00	72 00	81 00	1 50
0 80	19 20	28 80	38 40	48 00	57 60	67 20	76 80	86 40	1 60
0 85	20 40	30 60	40 80	51 00	61 20	71 40	81 60	91 80	1 70
0 90	21 60	32 40	43 20	54 00	64 80	75 60	86 40	97 20	1 80
0 95	22 80	34 20	45 60	57 00	68 40	79 80	91 20	102 60	1 90
1 00	24 00	36 00	48 00	60 00	72 00	84 00	96 00	108 00	2 00

FROMENT

ÉVALUATION DE LA RÉCOLTE EN FROMENT

CONTENᶜᵉ	PRODUIT DE L'HECTARE EN DOUBLES-DÉCALITRES.								PRODUIT complémᵗᵉ
	MINIMUM.		MOYEN.				MAXIMUM.		
	60	72	84	96	108	120	132	144	4
hect. ares.									
0 1	0 60	0 72	0 84	0 96	1 08	1 20	1 32	1 44	0 04
0 2	1 20	1 44	1 68	1 92	2 16	2 40	2 64	2 88	0 08
0 3	1 80	2 16	2 52	2 88	3 24	3 60	3 96	4 32	0 12
0 4	2 40	2 88	3 36	3 84	4 32	4 80	5 28	5 76	0 16
0 5	3 00	3 60	4 20	4 80	5 40	6 00	6 60	7 20	0 20
0 10	6 00	7 20	8 40	9 60	10 80	12 00	13 20	14 40	0 40
0 15	9 00	10 80	12 60	14 40	16 20	18 00	19 80	21 60	0 60
0 20	12 00	14 40	16 80	19 20	21 60	24 00	26 40	28 80	0 80
0 25	15 00	18 00	21 00	24 00	27 00	30 00	33 00	36 00	1 00
0 30	18 00	21 60	25 20	28 80	32 40	36 00	39 60	43 20	1 20
0 35	21 00	25 20	29 40	33 60	37 80	42 00	46 20	50 40	1 40
0 40	24 00	28 80	33 60	38 40	43 20	48 00	52 80	57 60	1 60
0 45	27 00	32 40	37 80	43 20	48 60	54 00	59 40	64 80	1 80
0 50	30 00	36 00	42 00	48 00	54 00	60 00	66 00	72 00	2 00
0 55	33 00	39 60	46 20	52 80	59 40	66 00	72 60	79 20	2 20
0 60	36 00	43 20	50 40	57 60	64 80	72 00	79 20	86 40	2 40
0 65	39 00	46 80	54 60	62 40	70 20	78 00	85 80	93 60	2 60
0 70	42 00	50 40	58 80	67 20	75 60	84 00	92 40	100 80	2 80
0 75	45 00	54 00	63 00	72 00	81 00	90 00	99 00	108 00	3 00
0 80	48 00	57 60	67 20	76 80	86 40	96 00	105 60	115 20	3 20
0 85	51 00	61 20	71 40	81 60	91 80	102 00	112 20	122 40	3 40
0 90	54 00	64 80	75 60	86 40	97 20	108 00	118 80	129 60	3 60
0 95	57 00	68 40	79 80	91 20	102 60	114 00	125 40	136 80	3 80
1 00	60 00	72 00	84 00	96 00	108 00	120 00	132 00	144 00	4 00

FROMENT

Prix du Froment au litre et à l'hectolitre évalués en kilos et en farine.

20 *litres* (1 *double-décalitre*) *pèsent* 15 *kilos et en rendent* 11 *et* 500 *gram. en farine.*

HECTOLITRES. — LITRES.	POIDS	FARINE	PRIX DU DOUBLE-DÉCALITRE. 3 50 ou 23 33 les 100 kil.	4 ou 26 66 les 100 kil.	4 50 ou 30 les 100 kil.	5 ou 33 33 les 100 kil.	5 50 ou 36 66 les 100 kil.	6 ou 40 les 100 kil.	PRIX compléme 0.25
	kil. gr.	kil. gr.	fr. c.	fr. c.	fr. c.	fr. c.	fr. c.	fr. c.	fr. c.
0 01	0 750	0 575	0 17	0 20	0 22	0 25	0 27	0 30	0 01
0 02	1 500	1 150	0 35	0 40	0 45	0 50	0 55	0 60	0 02
0 03	2 250	1 720	0 52	0 60	0 67	0 75	0 82	0 90	0 03
0 04	3 000	2 230	0 70	0 80	0 90	1 00	1 10	1 20	0 04
0 05	3 750	2 870	0 87	1 00	1 12	1 25	1 37	1 50	0 06
0 10	7 500	5 750	1 75	2 00	2 25	2 50	2 75	3 00	0 12
0 15	11 250	8 620	2 62	3 00	3 37	3 75	4 12	4 50	0 18
0 20	15 000	11 500	3 50	4 00	4 50	5 00	5 50	6 00	0 25
0 25	18 750	14 570	4 37	5 00	5 62	6 25	6 87	7 50	0 31
0 30	22 500	17 240	5 25	6 00	6 75	7 50	8 25	9 00	0 37
0 35	26 250	20 125	6 12	7 00	7 87	8 75	9 62	10 50	0 43
0 40	30 000	23 000	7 00	8 00	9 10	10 00	11 00	12 00	0 50
0 45	33 750	25 870	7 87	9 00	10 12	11 25	12 37	13 50	0 56
0 50	37 500	28 750	8 75	10 00	11 25	12 25	13 75	15 00	0 62
0 55	41 250	31 610	9 62	11 00	12 37	13 75	15 12	16 50	0 68
0 60	45 000	34 590	10 50	12 00	13 50	15 00	16 50	18 00	0 75
0 65	48 750	37 460	11 37	13 00	14 62	16 25	17 88	19 50	0 81
0 70	52 500	40 250	12 25	14 00	15 75	17 50	19 25	21 00	0 87
0 75	56 250	43 120	13 12	15 00	16 87	18 75	20 62	22 50	0 93
0 80	60 000	46 000	14 00	16 00	18 20	20 00	22 00	24 00	1 00
0 85	63 750	48 870	14 87	17 00	19 12	21 25	23 37	25 50	1 06
0 90	67 500	51 720	15 75	18 00	20 25	22 50	24 75	27 00	1 12
0 95	71 250	54 590	16 62	19 00	21 37	23 75	26 12	28 50	1 18
1 00	75 000	57 500	17 50	20 00	22 50	25 00	27 50	30 00	1 25

FROMENT

Prix du froment au kilog. évalué en litres, hectolitres et en farine.

15 *kilos valent* 20 *litres* (1 *double-décal.*) *et rendent* 11 *kilos et* 500 *gr. de farine.*

POIDS	LITRES. | CENTILITRES.	FARINE	PRIX DU DOUBLE-DÉCALITRE. 3 50 ou 23 33 les 100 kil.	4 ou 26 66 les 100 kil.	4 50 ou 30 les 100 kil.	5 ou 33 33 les 100 kil.	5 50 ou 36 66 les 100 kil.	6 ou 40 les 100 kil.	PRIX compléms 0.25
kil. gr.		kil. gr.	fr. c.	fr. c.	fr. c.	fr. c.	fr. c.	fr. c.	fr. c.
1 00	1 33	0 766	0 23	0 26	0 30	0 33	0 36	0 40	0 01
2 00	2 66	1 500	0 46	0 53	0 60	0 66	0 73	0 80	0 02
3 00	3 99	2 290	0 69	0 79	0 90	0 99	1 09	1 20	0 04
4 00	5 52	3 050	0 90	1 06	1 20	1 33	1 46	1 60	0 06
5 00	6 65	3 830	1 16	1 33	1 50	1 66	1 83	2 00	0 08
10 00	13 33	7 660	2 33	2 66	3 00	3 33	3 66	4 00	0 16
15 00	20 00	11 500	3 50	4 00	4 50	5 00	5 50	6 00	0 25
20 00	26 66	15 330	4 66	5 32	6 00	6 66	7 32	8 00	0 33
25 00	33 33	19 160	5 83	6 66	7 50	8 33	9 16	10 00	0 41
30 00	40 00	23 000	7 00	8 00	9 00	10 00	11 00	12 00	0 49
35 00	46 66	26 830	8 15	9 31	10 50	11 65	12 81	14 00	0 57
40 00	53 32	30 660	9 32	10 64	12 00	13 32	14 64	16 00	0 66
45 00	59 98	34 490	10 46	11 97	13 50	14 98	16 20	18 00	0 74
50 00	66 65	38 330	11 66	13 33	15 00	16 66	18 33	20 00	0 83
55 00	73 31	42 160	12 81	14 63	16 50	18 31	20 13	22 00	0 91
60 00	80 00	46 000	14 00	16 00	18 00	20 00	22 00	24 00	0 99
65 00	86 45	49 830	15 14	17 29	19 59	21 64	23 40	26 00	1 07
70 00	93 31	53 660	16 31	18 62	21 00	23 31	25 62	28 00	1 16
75 00	99 97	57 490	17 47	19 95	22 50	24 97	27 00	30 00	1 24
80 00	106 64	61 320	18 64	21 28	24 00	26 64	29 28	32 00	1 32
85 00	113 05	65 150	19 80	22 61	25 50	28 30	31 11	34 00	1 40
90 00	120 00	69 000	20 97	23 94	27 00	29 97	32 94	36 00	1 49
95 00	126 35	72 830	22 13	25 27	28 58	31 60	34 77	38 00	1 57
100 00	133 33	76 666	23 33	36 66	30 00	33 33	36 66	40 00	1 66

FROMENT

Prix du Froment au double-décalitre, évalué en kilos et en farine.

1 double-décal. (20 litres) pèse 15 kilos et en rend 11 et 500 gram. en farine.

DOUBLES-DÉCAL.	POIDS	FARINE	PRIX DU DOUBLE-DÉCALITRE. 3 50 ou 23 33 les 100 kil.	4 ou 26 66 les 100 kil.	4 50 ou 30 les 100 kil.	5 ou 33 33 les 100 kil.	5 50 ou 36 66 les 100 kil.	6 ou 40 les 100 kil	PRIX complém^ts 0.25
	kil. gr.	kil. gr.	fr. c.	fr. c.	fr. c.	fr. c.	fr. c.	fr. c.	fr. c.
1 00	15 00	11 500	3 50	4 00	4 50	5 00	5 50	6 00	0 25
2 00	30 00	23 000	7 00	8 00	9 00	10 00	11 00	12 00	0 50
3 00	45 00	34 500	10 50	12 00	13 50	15 00	16 50	18 00	0 75
4 00	60 00	46 000	14 00	16 00	18 00	20 00	22 00	24 00	1 00
5 00	75 00	57 500	17 50	20 00	22 50	25 00	27 50	30 00	1 25
10 00	150 00	115 000	35 00	40 00	45 00	50 00	55 00	60 00	2 50
15 00	225 00	172 500	52 50	60 00	67 50	75 00	82 50	90 00	3 75
20 00	300 00	230 000	70 00	80 00	90 00	100 00	110 00	120 00	5 00
25 00	375 00	287 500	87 50	100 00	112 50	125 00	137 50	150 00	6 25
30 00	450 00	345 000	105 00	120 00	135 00	150 00	165 00	180 00	7 50
35 00	525 00	402 500	112 50	140 00	159 50	175 00	192 50	210 00	8 75
40 00	600 00	460 000	140 00	160 00	180 00	200 00	220 00	240 00	10 00
45 00	675 00	517 500	157 50	180 00	202 50	225 00	247 50	270 00	11 25
50 00	750 00	575 000	175 00	200 00	225 00	250 00	275 00	300 00	12 50
55 00	825 00	632 500	192 50	220 00	247 50	275 00	302 50	330 00	13 75
60 00	900 00	690 000	210 00	240 00	270 00	300 00	330 00	360 00	15 00
65 00	975 00	747 500	227 50	260 00	292 50	325 00	357 50	390 00	16 25
70 00	1050 00	805 000	235 00	280 00	315 00	350 00	385 00	420 00	17 50
75 00	1125 00	862 500	252 50	300 00	337 50	375 00	412 50	450 00	18 75
80 00	1200 00	920 000	280 00	320 00	340 00	400 00	440 00	480 00	20 00
85 00	1275 00	877 500	297 50	340 00	382 50	425 00	467 50	510 00	21 25
90 00	1350 00	1035 000	315 00	360 00	405 00	450 00	495 00	540 00	22 50
95 00	1425 00	1092 500	332 50	380 00	427 50	475 00	522 50	570 00	23 75
100 00	1500 00	1150 000	350 00	400 00	450 00	500 00	550 00	600 00	25 00

FROMENT

Prix du Froment au kilog. évalué en doubles-décalitres et en farine.

15 *kilog. valent* 1 *double-décal.* (20 *litres*) *et rendent* 11 *kil. et* 500 *gr. de farine.*

POIDS	DOUBLES-DÉCAL. | DOUBLES-DÉCIL.	FARINE	PRIX DU DOUBLE-DÉCALITRE. 3 50 ou 23 33 les 100 kil.	4 ou 26 66 les 100 kil.	4 50 ou 30 les 100 kil.	5 ou 33 33 les 100 kil.	5 50 ou 36 66 les 100 kil.	6 ou 40 les 100 kil.	PRIX complém^re 0.25
kil. gr.		kil. gr.	fr. c.	fr. c.	fr. c.	fr. c.	fr. c.	fr. c.	fr. c.
1 00	0 06	0 766	0 23	0 26	0 30	0 33	0 36	0 40	0 01
2 00	0 13	1 530	0 46	0 52	0 60	0 66	0 73	0 80	0 02
3 00	0 19	2 290	0 69	0 78	0 90	0 99	1 09	1 20	0 04
4 00	0 26	3 050	0 92	1 04	1 20	1 32	1 46	1 60	0 06
5 00	0 33	3 830	1 16	1 33	1 50	1 66	1 83	2 00	0 08
10 00	0 66	7 660	2 33	2 66	3 00	3 33	3 66	4 00	0 16
15 00	1 00	11 500	3 50	4 00	4 50	5 00	5 50	6 00	0 25
20 00	1 32	15 330	4 66	5 32	6 00	6 66	7 32	8 00	0 33
25 00	1 65	19 160	5 83	6 66	7 50	8 33	9 16	10 00	0 41
30 00	1 98	23 000	7 00	8 00	9 00	10 00	11 00	12 00	0 49
35 00	2 31	26 830	8 05	9 10	10 50	11 50	12 61	14 00	0 57
40 00	2 64	30 660	9 33	10 64	12 00	13 32	14 64	16 00	0 66
45 00	2 97	34 490	10 35	11 50	13 50	14 85	16 20	18 00	0 74
50 00	3 33	38 330	11 66	13 33	15 00	16 66	18 33	20 00	0 83
55 00	3 63	42 016	12 65	14 30	16 50	18 15	20 10	22 00	0 91
60 00	3 96	46 000	14 00	16 00	18 00	20 00	22 00	24 00	0 99
65 00	4 29	49 083	14 95	17 29	19 50	21 45	23 40	26 00	1 07
70 00	4 62	53 660	16 31	18 62	21 00	23 31	25 62	28 00	1 16
75 00	5 00	57 490	17 25	19 95	22 50	24 75	27 00	30 00	1 24
80 00	5 28	61 320	18 64	21 28	24 00	26 64	29 28	32 00	1 32
85 00	5 61	65 150	19 55	22 10	25 50	28 05	31 11	34 00	1 40
90 00	5 94	69 000	21 00	24 00	27 00	30 00	33 00	36 00	1 49
95 00	6 27	72 830	22 16	25 33	28 50	31 65	34 83	38 00	1 57
100 00	6 66	76 660	23 33	26 66	30 00	33 33	36 66	40 00	1 66

FARINE DE FROMENT

Prix de la Farine au kilog. évalué en litres et en double-décal. de froment.

11 *kilos* 500 *gr. de farine proviennent de* 20 *litres ou* 1 *double-décal. de froment.*

FARINE	LITRES. — CENTILITRES.	DOUBLES-DÉCAL. — DOUBLES-DÉCIL.	PRIX DU DOUBLE-DÉCALITRE. 3 50 ou 23 33 les 100 kil.	4 ou 26 66 les 100 kil.	4 50 ou 30 les 100 kil.	5 ou 33 33 les 100 kil.	5 50 ou 36 66 les 100 kil.	6 ou 40 les 100 kil.	PRIX complém. 0.25
kil. gr.			fr. c.	fr. c.	fr. c.	fr. c.	fr. c.	fr. c.	fr. c.
1 00	1 73	0 08	0 30	0 34	0 38	0 43	0 47	0 52	0 02
2 00	3 47	0 17	0 60	0 69	0 76	0 86	0 95	1 04	0 04
3 00	5 21	0 26	0 90	1 04	1 14	1 30	1 43	1 56	0 06
4 00	6 95	0 34	1 21	1 38	1 52	1 73	1 91	2 08	0 08
5 00	8 69	0 43	1 52	1 73	1 90	2 17	2 39	2 60	0 10
10 00	17 39	0 86	3 04	3 47	3 81	4 34	4 78	5 21	0 21
15 00	25 63	1 30	4 56	5 20	5 71	6 51	7 17	7 81	0 31
20 00	34 78	1 73	6 08	6 94	7 62	8 68	9 56	10 42	0 42
25 00	43 47	2 17	7 60	8 69	9 53	10 86	11 95	13 04	0 54
30 00	52 17	2 60	9 12	10 41	11 43	13 02	14 34	15 63	0 63
35 00	61 21	3 04	10 64	12 16	13 33	15 19	16 73	18 23	0 73
40 00	69 56	3 47	12 16	13 88	15 24	17 36	19 12	20 84	0 84
45 00	78 25	3 91	13 68	15 61	17 14	19 53	21 51	23 44	0 94
50 00	86 95	4 34	15 21	17 39	19 06	21 73	23 91	26 08	1 08
55 00	95 64	4 77	16 72	19 08	20 95	23 87	26 29	28 65	1 10
60 00	104 34	5 21	18 24	20 82	22 86	26 04	28 18	31 26	1 26
65 00	113 03	5 64	20 06	22 55	24 76	28 21	31 17	33 86	1 37
70 00	122 40	6 08	21 28	24 32	26 67	30 38	33 46	36 47	1 46
75 00	130 42	6 51	22 80	26 02	28 57	32 55	35 85	39 07	1 56
80 00	139 12	6 95	24 32	27 76	30 48	34 72	38 24	41 68	1 68
85 00	147 81	7 38	25 84	29 42	32 38	36 89	40 63	44 28	1 78
90 00	156 51	7 83	27 36	31 23	34 29	39 06	43 02	46 89	1 89
95 00	165 20	8 25	28 88	32 96	36 19	41 23	45 41	49 49	1 99
100 00	173 91	8 69	30 43	34 78	38 00	43 47	47 82	52 17	2 17

SEIGLE

ÉVALUATION DE LA RÉCOLTE

CONTEN^ce	PRODUIT DE L'HECTARE EN DOUBLES-DÉCALITRES.								PRODUIT complém^re
	MINIMUM.		MOYEN.				MAXIMUM.		
	48	60	72	84	96	108	120	132	4
hect. ares.									
0 01	0 48	0 60	0 72	0 84	0 96	1 08	1 20	1 32	0 04
0 02	0 96	1 20	1 44	1 68	1 92	2 16	2 40	2 64	0 08
0 03	1 44	1 80	2 16	2 52	2 88	3 24	3 60	3 96	0 12
0 04	1 92	2 40	2 88	3 36	3 84	4 32	4 80	5 28	0 16
0 05	2 40	3 00	3 60	4 20	4 80	5 40	6 00	6 60	0 20
0 10	4 80	6 00	7 20	8 40	9 60	10 80	12 00	13 20	0 40
0 15	7 20	9 00	10 80	12 60	14 40	16 20	18 00	19 80	0 60
0 20	9 60	12 00	14 40	16 80	19 20	21 60	24 00	26 40	0 80
0 25	12 00	15 00	18 00	21 00	24 00	27 00	30 00	33 00	1 00
0 30	14 40	18 00	21 60	25 20	28 80	32 40	36 00	39 60	1 20
0 35	16 80	21 00	25 20	29 40	33 60	37 80	42 00	46 20	1 40
0 40	19 20	24 00	28 80	33 60	38 40	43 20	48 00	52 80	1 60
0 45	21 60	27 00	32 40	37 80	43 20	48 60	54 00	59 40	1 80
0 50	24 00	30 00	36 00	42 00	48 00	54 00	60 00	66 00	2 00
0 55	26 40	33 00	39 60	46 20	52 80	59 40	66 00	72 60	2 20
0 60	28 80	36 00	43 20	50 40	57 60	64 80	72 00	79 20	2 40
0 65	31 20	39 00	46 80	54 60	62 40	70 20	78 00	85 80	2 60
0 70	33 60	42 00	50 40	58 80	67 20	75 60	84 00	92 40	2 80
0 75	36 00	45 00	54 00	63 00	72 00	81 00	90 00	99 00	3 00
0 80	38 40	48 00	57 60	67 20	76 80	86 40	96 00	105 60	3 20
0 85	40 80	51 00	61 20	71 40	81 60	91 80	102 00	112 20	3 40
0 90	43 20	54 00	64 81	75 60	86 40	97 20	108 00	118 80	3 60
0 95	45 60	57 00	68 40	79 80	91 20	102 60	114 00	125 40	3 80
1 00	48 00	60 00	72 00	84 00	96 00	108 00	120 00	132 00	4 00

SEIGLE

Prix du Seigle au litre et à l'hectolitre évalués en kilos et en farine.

20 litres (1 double-décal.) pèsent 14 kilos et en rendent 11 de farine.

HECTOLITRES. | LITRES.	POIDS	FARINE	PRIX DU DOUBLE-DÉCALITRE. 2 ou 14 28 les 100 kil.	2 50 ou 17 85 les 100 kil.	3 ou 21 43 les 100 kil.	3 50 ou 25 les 100 kil.	4 ou 28 56 les 100 kil.	4 50 ou 32 14 les 100 kil.	PRIX compléms 0.25
	kil. gr.	kil. gr.	fr. c.	fr. c.	fr. c.	fr. c.	fr. c.	fr. c.	fr. c.
0 01	0 700	0 550	0 10	0 12	0 15	0 17	0 20	0 22	0 01
0 02	1 400	1 106	0 20	0 25	0 30	0 35	0 40	0 45	0 02
0 03	2 100	1 650	0 30	0 37	0 45	0 52	0 60	0 67	0 03
0 04	2 800	2 200	0 40	0 50	0 60	0 70	0 80	0 90	0 04
0 05	3 500	2 750	0 50	0 62	0 75	0 87	1 00	1 12	0 06
0 10	7 000	5 500	1 00	1 25	1 50	1 75	2 00	2 25	0 12
0 15	10 500	8 250	1 50	1 87	2 25	2 62	3 00	3 37	0 18
0 20	14 000	11 000	2 00	2 50	3 00	3 50	4 00	4 50	0 25
0 25	17 500	13 750	2 50	3 12	3 75	4 37	5 00	5 62	0 31
0 30	21 000	15 500	3 00	3 75	4 50	5 25	6 00	6 75	0 37
0 35	24 500	19 250	3 50	4 37	5 25	6 12	7 00	7 87	0 40
0 40	28 000	22 000	4 00	5 00	6 00	7 00	8 00	9 00	0 50
0 45	31 500	24 750	4 50	5 62	6 75	7 87	9 00	10 12	0 56
0 50	35 000	27 500	5 00	6 25	7 50	8 75	10 00	11 25	0 62
0 55	38 500	30 250	5 50	6 87	8 25	9 62	11 00	12 35	0 68
0 60	42 000	33 000	6 00	7 50	9 00	10 50	12 00	13 50	0 75
0 65	45 500	35 750	6 50	8 12	9 75	11 37	13 00	14 62	0 81
0 70	49 000	38 500	7 00	8 75	10 50	12 25	14 00	15 75	0 87
0 75	52 500	40 250	7 50	9 37	11 25	13 12	15 00	16 87	0 93
0 80	56 000	44 000	8 00	10 00	12 00	14 00	16 00	18 00	1 00
0 85	59 500	46 750	8 50	10 62	12 75	14 87	17 00	19 12	1 06
0 90	63 000	49 500	9 00	11 25	13 50	15 75	18 00	20 25	1 12
0 95	66 500	52 250	9 50	11 87	14 25	16 62	19 00	21 37	1 18
1 00	70 000	55 000	10 00	12 50	15 00	17 50	20 00	22 50	1 25

SEIGLE

Prix du Seigle au kilog. évalué en litres, hectolitres et en farine.

14 kilos valent 20 litres (1 double-décal.) et rendent 11 kilos de farine.

POIDS	LITRES. | CENTILITRES.	FARINE	PRIX DU DOUBLE-DÉCALITRE. 2 ou 14 28 les 100 kil.	2 50 ou 17 85 les 100 kil.	3 ou 21 43 les 100 kil.	3 50 ou 25 les 100 kil.	4 ou 28 56 les 100 kil.	4 50 ou 32 14 les 100 kil.	PRIX compléme 0.25
kil. gr.		kil. gr.	fr. c.	fr. c.	fr. c.	fr. c.	fr. c.	fr. c.	fr. c.
1 00	1 42	0 785	0 14	0 17	0 21	0 25	0 28	0 32	0 017
2 00	2 85	1 570	0 28	0 35	0 42	0 50	0 57	0 64	0 024
3 00	4 28	2 355	0 42	0 53	0 64	0 75	0 85	0 96	0 05
4 00	5 71	3 140	0 56	0 71	0 85	1 00	1 14	1 28	0 06
5 00	7 14	3 925	0 71	0 89	1 07	1 25	1 42	1 60	0 08
10 00	14 28	7 850	1 42	1 78	2 14	2 50	2 85	3 20	0 17
15 00	21 42	11 775	2 13	2 52	3 21	3 75	4 27	4 80	0 25
20 00	28 56	15 700	2 84	3 86	4 28	5 00	5 70	6 40	0 35
25 00	35 71	19 640	3 57	4 46	5 35	6 25	7 14	8 03	0 43
30 00	42 84	23 550	4 26	5 04	6 42	7 50	8 15	9 60	0 54
35 00	49 98	27 475	4 97	6 23	7 42	8 75	9 97	11 20	0 62
40 00	57 12	31 400	5 68	7 12	8 56	10 00	11 40	12 80	0 71
45 00	64 26	35 325	6 39	8 01	9 63	11 25	12 82	14 40	0 79
50 00	71 42	39 280	7 14	8 92	10 71	12 50	14 28	16 07	0 89
55 00	78 54	43 175	7 81	9 79	11 77	13 75	15 67	17 60	0 97
60 00	85 68	47 100	8 52	10 64	12 84	15 00	17 10	19 20	1 06
65 00	92 82	51 025	9 23	11 57	13 91	16 25	18 52	20 80	1 14
70 00	99 96	54 950	10 04	12 46	14 98	17 50	19 95	22 40	1 24
75 00	107 10	58 875	10 65	13 35	16 05	18 75	21 37	24 00	1 32
80 00	114 24	62 800	11 36	14 24	17 12	20 00	22 80	25 60	1 42
85 00	121 38	66 725	12 07	15 13	18 19	21 25	24 22	27 20	1 50
90 00	128 52	70 650	12 78	16 02	19 26	22 50	25 65	28 80	1 60
95 00	135 66	74 575	13 49	16 91	20 33	23 75	27 07	30 40	1 68
100 00	142 85	78 570	14 28	17 85	21 43	25 00	28 56	32 14	1 78

SEIGLE

Prix du Seigle au double-décalitre évalué en kilos et en farine.

1 double-décalitre pèse 14 kilos et en rend 11 en farine.

DOUBLES-DÉCAL.	POIDS	FARINE	PRIX DU DOUBLE-DÉCALITRE.						PRIX complémᵗʳᵉ 0.25
			2 ou 14 28 les 100 kil.	2 50 ou 17 85 les 100 kil.	3 ou 21 43 les 100 kil.	3 50 ou 25 les 100 kil.	4 ou 28 56 les 100 kil.	4 50 ou 32 14 les 100 kil.	
	kil. gr.	kil. gr.	fr. c.	fr. c.	fr. c.	fr. c.	fr. c.	fr. c.	fr. c.
1 00	14 00	11 00	2 00	2 50	3 00	3 50	4 00	4 50	0 25
2 00	28 00	22 00	4 00	5 00	6 00	7 00	8 00	9 00	0 50
3 00	42 00	33 00	6 00	7 50	9 00	10 50	12 00	13 50	0 71
4 00	56 00	44 00	8 00	10 00	12 00	14 00	16 00	14 00	1 00
5 00	70 00	55 00	10 00	12 50	15 00	17 50	20 00	22 50	1 25
10 00	140 00	110 00	20 00	25 00	30 00	35 00	40 00	45 00	2 50
15 00	210 00	165 00	30 00	37 50	45 00	52 50	60 00	67 50	3 75
20 00	280 00	220 00	40 00	50 00	60 00	70 00	80 00	90 00	5 00
25 00	350 00	275 00	50 00	62 50	75 00	82 50	100 00	112 50	6 25
30 00	420 00	330 00	60 00	75 00	90 00	105 00	120 00	135 00	7 50
35 00	490 00	385 00	70 00	87 50	105 00	122 50	140 00	157 50	8 75
40 00	560 00	440 00	80 00	100 00	120 00	140 00	160 00	180 00	10 00
45 00	630 00	495 00	90 00	112 50	135 00	157 50	180 00	202 50	11 25
50 00	700 00	550 00	100 00	125 00	150 00	175 00	200 00	225 00	12 50
55 00	770 00	605 00	110 00	137 50	165 00	192 50	220 00	247 50	13 75
60 00	840 00	660 00	120 00	150 00	180 00	210 00	240 00	270 00	15 00
65 00	910 00	715 00	130 00	162 50	195 00	227 50	260 00	292 50	16 25
70 00	980 00	770 00	140 00	175 00	210 00	245 00	280 00	315 00	17 50
75 00	1050 00	825 00	150 00	187 50	225 00	262 50	300 00	337 50	18 75
80 00	1120 00	880 00	160 00	200 00	240 00	280 00	320 00	360 00	20 00
85 00	1190 00	935 00	170 00	212 50	255 00	297 50	340 00	382 50	21 25
90 00	1260 00	990 00	180 00	225 00	270 00	315 00	360 00	405 00	22 50
95 00	1330 00	1045 00	190 00	237 50	285 00	332 50	380 00	427 50	23 75
100 00	1400 00	1100 00	200 00	250 00	300 00	350 00	400 00	450 00	25 00

SEIGLE

Prix du Seigle au kilog. évalué en doubles-décalitres et en farine.

14 kilos valent 1 double-décalitre et pèsent 11 kilos de farine.

POIDS	DOUBLES-DÉCAL. | DOUBLES-DÉCIL.	FARINE	PRIX DU DOUBLE-DÉCALITRE. 2 ou 17 85 les 100 kil.	2 50 ou 17 85 les 100 kil.	3 ou 21 43 les 100 kil.	3 50 ou 25 les 100 kil.	4 ou 28 50 les 100 kil.	4 50 ou 32 14 les 100 kil.	PRIX compléм^re 0.25
kil. gr.		kil. gr.	fr. c.	fr. c.	fr. c.	fr. c.	fr. c.	fr. c.	fr. c.
1 00	0 07	0 785	0 14	0 17	0 21	0 25	0 28	0 32	0 01
2 00	0 14	1 570	0 28	0 35	0 42	0 50	0 57	0 64	0 02
3 00	0 21	2 355	0 42	0 53	0 64	0 75	0 85	0 96	0 05
4 00	0 28	3 140	0 56	0 71	0 85	1 00	1 14	1 28	0 06
5 00	0 35	3 925	0 71	0 89	1 07	1 25	1 42	1 60	0 08
10 00	0 75	7 850	1 42	1 78	2 14	2 50	2 85	3 21	0 17
15 00	1 07	11 770	2 13	2 67	3 21	3 75	4 27	4 80	0 25
20 00	1 42	15 700	2 84	3 56	4 28	5 00	5 70	6 40	0 35
25 00	1 78	19 640	3 57	4 46	5 35	6 25	7 14	8 03	0 43
30 00	2 14	23 550	4 26	5 34	6 42	7 50	8 55	9 60	0 54
35 00	2 49	27 475	4 97	6 23	7 42	8 75	9 97	11 00	0 62
40 00	2 85	31 400	5 68	7 12	8 56	10 00	11 40	12 80	0 71
45 00	3 21	35 325	6 39	8 01	9 63	11 25	12 82	14 40	0 79
50 00	3 57	39 280	7 14	8 92	10 71	12 50	14 28	16 60	0 89
55 00	3 92	43 175	7 81	9 79	11 77	13 75	15 67	17 60	0 97
60 60	4 28	47 100	8 52	10 68	12 84	15 00	17 10	19 20	1 06
65 00	4 64	51 025	9 23	11 57	13 91	16 25	18 52	20 80	1 14
70 00	4 99	54 950	9 90	12 46	14 98	17 50	19 95	22 40	1 24
75 00	5 35	58 875	10 65	13 35	16 05	18 75	21 37	24 00	1 32
80 00	5 71	62 800	11 36	14 24	17 12	20 00	22 80	25 60	1 42
85 00	6 07	66 725	12 27	15 13	18 19	21 25	24 22	27 20	1 50
90 00	6 42	70 650	12 78	16 02	19 26	22 50	25 65	28 80	1 60
95 00	6 78	74 575	13 69	16 71	20 23	23 75	27 07	30 40	1 68
100 00	7 14	78 570	14 28	17 85	21 43	25 00	28 56	32 14	1 78

FARINE DE SEIGLE

Prix de la Farine de seigle au kil. évalué en litres, hectol. et au d.-déc. de seigle.

11 kilos de farine proviennent de 20 litres ou 1 double-décal. de seigle.

FARINE	LITRES. | CENTILITRES.	DOUBLES-DÉCAL. | DOUBLES-DÉCIL.	PRIX DU DOUBLE-DÉCALITRE. 2 ou 14 28 les 100 kil.	2 50 ou 17 85 les 100 kil.	3 ou 21 43 les 100 kil.	3 50 ou 25 les 100 kil.	4 ou 28 56 les 100 kil.	4 50 ou 32 14 les 100 kil	PRIX compléments 0.25
kil. gr.			fr. c.	fr. c.	fr. c.	fr. c.	fr. c.	fr. c.	fr. c.
1 00	1 81	0 09	0 18	0 22	0 27	0 31	0 36	0 40	0 02
2 00	3 63	0 18	0 36	0 45	0 54	0 63	0 72	0 81	0 04
3 00	5 45	0 27	0 54	0 68	0 81	0 95	1 08	1 22	0 06
4 00	7 27	0 36	0 72	0 90	1 08	1 27	1 45	1 63	0 08
5 00	9 09	0 45	0 90	1 13	1 35	1 59	1 81	2 04	0 10
10 00	18 18	0 90	1 81	2 27	2 72	3 18	3 63	4 04	0 20
15 00	27 27	1 35	2 70	3 40	4 08	4 77	5 44	6 13	0 31
20 00	36 20	1 80	3 62	4 54	5 44	6 36	7 26	8 18	0 41
25 00	45 45	2 27	4 04	5 68	6 82	7 95	9 09	10 22	0 52
30 00	54 54	2 70	5 40	6 81	8 16	9 54	10 89	12 27	0 62
35 00	63 63	3 15	6 30	7 94	9 52	11 13	12 70	14 31	0 72
40 00	72 40	3 60	7 24	9 08	10 88	12 72	14 52	16 36	0 82
45 00	81 81	4 05	8 10	10 21	12 24	14 31	16 33	18 40	0 92
50 00	90 90	4 50	9 09	11 36	13 64	15 95	18 18	20 45	1 03
55 00	99 99	4 95	9 90	12 48	14 96	17 49	19 96	22 49	1 13
60 00	109 08	5 40	10 80	13 62	16 32	19 08	21 78	24 54	1 23
65 00	118 17	5 85	11 70	14 75	17 68	20 67	23 59	26 58	1 33
70 00	127 26	6 30	12 60	15 89	19 04	22 26	25 41	28 63	1 43
75 00	136 35	6 75	13 50	17 12	20 40	23 85	27 22	30 67	1 54
80 00	145 80	7 20	14 48	18 16	21 76	25 44	29 04	32 72	1 64
85 00	154 53	7 65	15 38	19 29	23 12	27 03	30 85	34 76	1 72
90 00	163 62	8 10	16 29	20 20	24 48	28 62	32 67	36 81	1 85
95 00	172 71	8 55	17 19	21 56	25 84	30 21	34 48	38 85	2 16
100 00	181 81	9 09	18 18	22 72	27 27	31 81	36 36	40 90	2 27

ORGE

ÉVALUATION DE LA RÉCOLTE

CONTENces	PRODUIT DE L'HECTARE EN DOUBLES-DÉCALITRES.								PRODUIT complémre
	MINIMUM.		MOYEN.				MAXIMUM.		
	60	72	84	96	108	120	132	144	4
hect. ares.									
0 01	0 60	0 72	0 84	0 96	1 08	1 20	1 32	1 44	0 04
0 02	1 20	1 44	1 68	1 92	2 16	2 40	2 64	2 88	0 08
0 03	1 80	2 16	2 52	2 88	3 24	3 60	3 96	4 32	0 12
0 04	2 40	2 88	3 36	3 84	4 32	4 80	5 28	5 76	0 16
0 05	3 00	3 60	4 20	4 80	5 40	6 00	6 60	7 20	0 20
0 10	6 00	7 20	8 40	9 60	10 80	12 00	13 20	14 40	0 40
0 15	9 00	10 80	12 60	14 40	16 20	18 00	19 80	21 60	0 60
0 20	12 00	14 40	16 80	19 20	21 60	24 00	26 40	28 80	0 80
0 25	15 00	18 00	21 00	24 00	27 00	30 00	33 00	36 00	1 00
0 30	18 00	21 60	25 20	28 80	32 40	36 00	39 60	43 20	1 20
0 35	21 00	25 20	29 40	33 60	37 80	42 00	46 20	50 40	1 40
0 40	24 00	28 80	33 60	38 40	43 20	48 00	52 80	57 60	1 60
0 45	27 00	32 40	37 80	43 20	48 60	54 00	59 40	64 80	1 80
0 50	30 00	36 00	42 00	48 00	54 00	60 00	66 00	72 00	2 00
0 55	33 00	39 60	46 20	52 80	59 40	66 00	72 60	79 20	2 20
0 60	36 00	43 20	50 40	57 60	64 80	72 00	79 20	86 40	2 40
0 65	39 00	46 80	54 60	62 40	70 20	78 00	85 80	92 60	2 60
0 70	42 00	50 40	58 80	67 20	75 60	84 00	92 40	100 80	2 80
0 75	45 00	54 00	63 00	72 00	81 00	90 00	99 00	108 00	3 00
0 80	48 00	57 60	67 20	76 80	86 40	96 00	105 60	115 20	3 20
0 85	51 00	61 20	71 40	81 60	91 80	102 00	112 20	122 40	3 40
0 90	54 00	64 80	75 60	86 40	97 20	108 00	118 80	129 60	3 60
0 95	57 00	68 40	79 80	91 20	102 60	114 00	125 40	136 80	3 80
1 00	60 00	72 00	84 00	96 00	108 00	120 00	132 00	144 00	4 00

ORGE

Prix de l'Orge au litre et à l'hectolitre évalués en kilos et en farine.

20 litres (1 double-décal.) pèsent 12 kilos et en rendent 7 en farine.

HECTOLITRES. — LITRES.	POIDS	FARINE	PRIX DU DOUBLE-DÉCALITRE. 2 ou 14 28 les 100 kil.	2 50 ou 17 85 les 100 kil.	3 ou 21 43 les 100 kil.	3 50 ou 25 les 100 kil.	4 ou 28 56 les 100 kil.	4 50 ou 32 41 les 100 kil.	PRIX complém 0.25
	kil. gr.	kil. gr.	fr. c.	fr. c.	fr. c.	fr. c.	fr. c.	fr. c.	fr. c.
0 1	0 600	0 350	0 10	0 12	0 15	0 17	0 20	0 22	0 01
0 2	1 200	0 700	0 20	0 25	0 30	0 35	0 40	0 45	0 02
0 3	1 800	1 050	0 30	0 37	0 45	0 52	0 60	0 67	0 03
0 4	2 400	1 300	0 40	0 50	0 60	0 70	0 80	1 00	0 05
0 5	3 000	1 750	0 50	0 62	0 75	0 87	1 00	1 12	0 06
0 10	6 000	3 500	1 00	1 25	1 50	1 75	2 00	2 25	0 12
0 15	9 000	5 250	1 50	1 87	2 25	2 62	3 00	3 37	0 18
0 20	12 000	7 000	2 00	2 50	3 00	3 50	4 00	4 50	0 25
0 25	15 000	8 750	2 50	3 12	3 75	4 37	5 00	5 62	0 31
0 30	18 000	10 500	3 00	3 75	4 50	5 25	6 00	6 75	0 37
0 35	21 000	12 250	3 50	4 37	5 25	6 12	7 00	7 87	0 43
0 40	24 000	14 000	4 00	5 00	6 00	7 00	8 00	9 00	0 50
0 45	27 000	15 750	4 50	5 62	6 75	7 87	9 00	10 12	0 56
0 50	30 000	17 500	5 00	6 25	7 50	8 75	10 00	11 25	0 62
0 55	33 000	19 250	5 50	6 87	8 25	9 62	11 00	12 37	0 68
0 60	36 000	21 000	6 00	7 50	9 00	10 50	12 00	13 50	0 75
0 65	39 000	22 750	6 50	8 12	9 75	11 37	13 00	14 62	0 81
0 70	42 000	24 500	7 00	8 75	10 50	12 25	14 00	15 75	0 87
0 75	45 000	26 250	7 50	9 37	11 25	13 12	15 00	16 87	0 93
0 80	48 000	28 000	8 00	10 00	12 00	14 00	16 00	18 00	1 00
0 85	51 000	29 750	8 50	10 62	12 75	14 87	17 00	19 12	1 06
0 90	54 000	31 500	9 00	11 25	13 50	15 75	18 00	20 25	1 12
0 95	57 000	33 250	9 50	11 87	14 25	16 62	19 00	21 37	1 18
1 00	60 000	35 000	10 00	12 50	15 00	17 50	20 00	22 50	1 25

ORGE

Prix de l'Orge au kilog. évalué en litres, hectolitres et en farine.

12 kilos valent 20 litres (1 double-décalitre) et rendent 7 kilos de farine.

POIDS	LITRES. CENTILITRES.	FARINE	PRIX DU DOUBLE-DÉCALITRE.						PRIX compléᵐʳᵉ 0.25
			2 ou 14 28 les 100 kil.	2 50 ou 17 85 les 100 kil.	3 ou 21 43 les 100 kil.	3 50 ou 25 les 100 kil.	4 ou 28 56 les 100 kil.	4 50 ou 32 14 les 100 kil.	
kil. gr.		kil. gr.	fr. c.	fr. c.	fr. c.	fr. c.	fr. c.	fr. c.	fr. c.
1 00	1 66	0 583	0 14	0 17	0 21	0 25	0 28	0 32	0 02
2 00	3 33	1 166	0 18	0 35	0 42	0 50	0 57	0 64	0 04
3 00	4 99	1 749	0 42	0 53	0 64	0 75	0 84	0 96	0 06
4 00	6 66	2 332	0 56	0 71	0 85	1 00	1 12	1 28	0 08
5 00	8 33	2 915	0 70	0 89	1 07	1 25	1 40	1 50	0 10
10 00	16 66	5 830	1 40	1 78	2 14	2 50	2 85	3 20	0 20
15 00	24 99	8 745	2 10	2 67	3 23	3 75	4 20	4 80	0 30
20 00	33 32	11 660	2 80	3 56	4 28	5 00	5 62	6 40	0 40
25 00	41 66	14 580	3 57	4 46	5 35	6 25	7 02	8 03	0 52
30 00	49 98	17 490	4 20	5 34	6 46	7 50	8 40	9 60	0 60
35 00	58 31	20 405	4 90	6 23	7 49	8 75	9 80	11 20	0 70
40 00	66 64	23 320	5 60	7 12	8 56	10 00	11 24	12 80	0 80
45 00	79 97	26 235	6 20	8 01	9 63	11 25	12 60	14 40	0 90
50 00	83 33	29 160	7 14	8 92	10 71	12 50	14 28	16 07	1 04
55 00	91 63	32 065	7 70	9 79	11 77	13 75	15 40	17 60	1 14
60 00	99 96	34 980	8 40	10 68	12 92	15 00	16 80	19 20	1 20
65 00	108 29	37 895	9 10	11 57	13 91	16 25	18 20	20 80	1 30
70 00	116 62	40 810	9 80	12 46	14 98	17 50	19 60	22 40	1 40
75 00	124 95	43 725	10 50	13 35	16 05	18 75	21 37	24 00	1 50
80 00	133 28	46 640	11 20	14 24	17 12	20 00	22 80	25 60	1 60
85 00	141 61	49 555	11 90	15 13	18 19	21 25	24 22	27 20	1 70
90 00	149 94	52 470	12 40	16 02	19 26	22 50	25 65	28 80	1 80
95 00	158 27	55 385	13 30	16 91	20 33	23 75	27 07	30 40	1 90
100 00	166 66	58 330	14 28	17 85	21 43	25 00	28 56	32 14	2 08

ORGE

Prix de l'Orge au double-décalitre évalué en kilos et en farine.

1 *double-décalitre pèse* 12 *kilos et en rend* 7 *de farine.*

DOUBLES-DÉCAL.	POIDS	FARINE	PRIX DU DOUBLE-DÉCALITRE. 2 ou 14 28 les 100 kil.	2 50 ou 17 85 les 100 kil.	3 ou 21 43 les 100 kil.	3 50 ou 25 les 100 kil.	4 ou 28 56 les 100 kil.	4 50 ou 32 14 les 100 kil.	PRIX complém. 0.25
	kil. gr.	kil. gr.	fr. c.	fr. c.	fr. c.	fr. c.	fr. c.	fr. c.	fr. c.
1 00	12 000	7 000	2 00	2 50	3 00	3 50	4 00	4 50	0 25
2 00	24 000	14 000	4 00	5 00	6 00	7 00	8 00	9 00	0 50
3 00	36 000	21 000	6 00	7 50	9 00	10 50	12 00	13 50	0 75
4 00	48 000	28 000	8 00	10 00	12 00	14 00	16 00	18 00	1 00
5 00	60 000	35 000	10 00	12 50	15 00	17 50	20 00	22 50	1 25
10 00	120 000	70 000	20 00	25 00	30 00	35 00	40 00	45 00	2 50
15 00	180 000	105 000	30 00	37 50	45 00	52 50	60 00	67 50	3 75
20 00	240 000	140 000	40 00	50 00	60 00	70 00	80 00	90 00	5 00
25 00	300 000	175 000	50 00	62 50	75 00	82 50	100 00	112 50	6 25
30 00	360 000	210 000	60 00	75 00	90 00	105 00	120 00	135 00	7 50
35 00	420 000	245 000	70 00	87 50	105 00	122 50	140 00	157 50	8 75
40 00	480 000	280 000	80 00	100 00	120 00	140 00	160 00	180 00	10 00
45 00	540 000	315 000	90 00	112 50	135 00	152 50	180 00	202 50	11 25
50 00	600 000	350 000	100 00	125 00	150 00	175 00	200 00	225 00	12 50
55 00	660 000	385 000	110 00	135 50	165 00	192 50	220 00	247 50	13 75
60 00	720 000	420 000	120 00	150 00	180 00	210 00	240 00	270 00	15 00
65 00	780 000	455 000	130 00	162 50	195 00	227 50	260 00	292 50	16 25
70 00	840 000	490 000	140 00	175 00	210 00	245 00	280 00	315 00	17 50
75 00	900 000	525 000	150 00	187 50	225 00	262 50	300 00	337 50	18 75
80 00	960 000	560 000	160 00	200 00	240 00	280 00	320 00	360 00	20 00
85 00	1020 000	595 000	170 00	212 50	255 00	297 50	340 00	382 50	21 25
90 00	1080 000	630 000	180 00	225 00	270 00	315 00	360 00	405 00	22 50
95 00	1140 000	665 000	190 00	237 50	285 00	332 50	380 00	427 50	23 75
100 00	1200 000	700 000	200 00	250 00	300 00	350 00	400 00	450 00	25 00

ORGE

Prix de l'Orge au kilog. évalué en doubles-décalitres et en farine.

12 kilos valent 1 double-décalitre et rendent 7 kil. de farine.

POIDS	DOUBLES-DÉCAL. | DOUBLES-DÉCIL.	FARINE	PRIX DU DOUBLE DÉCALITRE. 2 ou 14 28 les 100 kil.	2 50 ou 17 85 les 100 kil.	3 ou 21 43 les 100 kil.	3 50 ou 25 les 100 kil.	4 ou 28 56 les 100 kil.	4 50 ou 32 14 les 100 kil.	PRIX compléme 0.25
kil. gr.		kil. gr.	fr. c.	fr. c.	fr. c.	fr. c.	fr. c.	fr. c.	fr. c.
1 00	0 08	0 583	0 14	0 17	0 21	0 25	0 28	0 32	0 02
2 00	0 16	1 166	0 28	0 35	0 42	0 50	0 56	0 64	0 04
3 00	0 24	1 749	0 42	0 53	0 64	0 75	0 84	0 96	0 06
4 00	0 33	2 332	0 56	0 71	0 87	1 00	1 12	1 28	0 08
5 00	0 41	2 915	0 70	0 89	1 07	1 25	1 40	1 50	0 10
10 00	0 83	5 830	1 40	1 78	2 14	2 50	2 85	3 20	0 20
15 00	1 24	8 745	2 10	2 67	3 23	3 75	4 20	4 80	0 30
20 00	1 66	11 660	2 80	3 56	4 28	5 00	5 70	6 40	0 40
25 00	2 08	14 580	3 57	4 46	5 35	6 25	7 14	8 03	0 50
30 00	2 49	17 490	4 20	5 34	6 46	7 50	8 55	9 60	0 60
35 00	2 90	20 405	4 90	6 23	7 49	8 75	9 97	11 20	0 70
40 00	3 32	23 320	5 60	7 12	8 56	10 00	11 40	12 80	0 80
45 00	3 73	26 235	6 20	8 01	9 63	11 25	12 82	14 40	0 90
50 00	4 16	29 100	7 14	8 92	10 71	12 50	14 28	16 07	1 04
55 00	4 56	32 065	7 70	9 79	11 77	13 75	15 67	17 60	1 14
60 00	4 98	34 980	8 40	10 68	12 92	15 00	17 10	19 20	1 20
65 00	5 39	37 895	9 10	11 57	13 91	16 25	18 52	20 80	1 30
70 00	5 81	40 810	9 80	12 46	14 98	17 50	19 65	22 40	1 40
75 00	6 22	43 725	10 50	13 35	16 05	18 75	21 37	24 00	1 50
80 00	6 64	46 640	11 20	14 24	17 12	20 00	22 80	25 60	1 60
85 00	7 05	49 555	11 90	15 13	18 19	21 25	24 22	27 20	1 70
90 00	7 47	52 470	12 40	15 08	19 26	22 50	25 65	28 80	1 80
95 00	7 88	55 385	13 30	16 91	20 33	23 75	27 07	30 40	1 90
100 00	8 33	58 033	14 28	17 85	21 43	25 00	28 56	32 14	2 08

FARINE D'ORGE

Prix de la Farine d'orge au kilog. évalué en litres, en d.-décal. d'orge.

7 kilos de farine proviennent de 20 litres (1 double-décal.) d'orge

FARINE	LITRES. | CENTILITRES.	DOUBLES-DÉCAL. | DOUBLES-DÉCIL.	PRIX DU DOUBLE-DÉCALITRE. 2 ou 14 28 les 100 kil.	2 50 ou 17 85 les 100 kil.	3 ou 21 43 les 100 kil.	3 50 ou 25 les 100 kil.	4 ou 28 56 les 100 kil.	4 50 ou 32 14 les 100 kil.	PRIX compléméᵗ 0.25
kil. gr.			fr. c.	fr. c.	fr. c.	fr. c.	fr. c.	fr. c.	fr. c.
1 00	2 85	0 14	0 28	0 35	0 42	0 50	0 57	0 64	0 03
2 00	5 71	0 28	0 57	0 71	0 85	1 00	1 14	1 28	0 07
3 00	8 56	0 42	0 85	1 06	1 27	1 50	1 61	1 92	0 11
4 00	11 41	0 56	1 24	1 42	1 71	2 00	2 28	2 56	0 14
5 00	14 28	0 71	1 42	1 78	2 14	2 50	2 85	3 21	0 17
10 00	28 57	1 42	2 85	3 57	4 28	5 00	5 71	6 42	0 35
15 00	42 85	2 14	4 28	5 35	6 42	7 50	8 57	9 64	0 53
20 00	57 14	2 85	5 71	7 14	8 56	10 00	11 42	12 85	0 71
25 00	71 42	3 57	7 14	8 92	10 71	12 50	14 28	16 07	0 89
30 00	85 71	4 28	8 57	10 71	12 84	15 00	17 13	19 28	1 06
35 00	99 99	4 99	9 99	12 49	14 98	17 50	19 98	22 49	1 24
40 00	114 28	5 75	11 42	14 28	17 12	20 00	22 85	25 71	1 42
45 00	128 56	6 42	12 84	16 06	19 26	22 50	25 69	28 82	1 60
50 00	142 85	7 14	14 28	17 85	21 42	25 00	28 57	32 14	1 78
55 00	157 13	7 85	15 70	19 63	23 56	27 50	31 42	35 35	1 95
60 00	171 42	8 56	17 14	21 42	25 68	30 00	34 26	38 56	2 13
65 00	175 70	9 27	18 56	23 20	27 82	32 50	37 11	41 77	2 31
70 00	199 99	9 99	19 99	24 99	29 96	35 00	39 97	44 99	2 49
75 00	200 27	10 70	21 41	26 77	32 16	37 50	42 82	48 20	2 66
80 00	228 56	11 42	22 85	28 56	34 24	40 00	45 71	51 42	2 85
85 00	242 84	12 13	24 28	30 34	36 38	42 50	48 56	54 63	3 03
90 00	257 13	12 85	25 68	32 13	38 52	45 00	51 39	57 85	3 21
95 00	271 41	13 56	27 10	33 91	40 66	47 50	54 24	61 06	3 38
100 00	285 71	14 28	28 17	35 71	42 86	50 00	57 14	64 28	3 57

FÈVES

ÉVALUATION DE LA RÉCOLTE

CONTENces	PRODUIT DE L'HECTARE EN DOUBLES-DÉCALITRES. MINIMUM.		MOYEN.				MAXIMUM.		PRODUIT complémre
	48	60	72	84	96	108	120	132	4
hect. ares.									
0 01	0 48	0 60	0 72	0 84	0 96	1 08	1 20	1 32	0 04
0 02	0 96	1 20	1 44	1 68	1 92	2 16	2 40	2 64	0 08
0 03	1 44	1 80	2 16	2 52	2 88	3 24	3 60	3 96	0 12
0 04	1 92	2 40	2 88	3 36	3 84	4 32	4 80	5 28	0 16
0 05	2 40	3 00	3 60	4 20	4 80	5 40	6 00	6 60	0 20
0 10	4 80	6 00	7 20	8 40	9 60	10 80	12 00	13 20	0 40
0 15	7 20	9 00	10 80	12 60	14 40	16 20	18 00	19 80	0 60
0 20	9 60	12 00	14 40	16 80	19 20	21 60	24 00	26 40	0 80
0 25	12 00	15 00	18 00	21 00	24 00	27 00	30 00	33 00	1 00
0 30	14 40	18 00	21 60	25 20	28 80	32 40	36 00	39 60	1 20
0 35	16 80	21 00	25 20	29 40	33 60	37 80	42 00	46 20	1 40
0 40	19 20	24 00	28 80	33 60	38 40	43 20	48 00	52 80	1 60
0 45	21 60	27 00	32 40	37 80	43 20	48 60	54 00	59 40	1 80
0 50	24 00	30 00	36 00	42 00	48 00	54 00	60 00	66 00	2 00
0 55	26 40	33 00	39 60	46 20	52 80	59 40	66 00	72 60	2 20
0 60	28 80	36 00	43 20	50 40	57 60	64 80	72 00	79 20	2 40
0 65	31 20	39 00	46 80	54 60	62 40	70 20	78 00	85 80	2 60
0 70	33 60	42 00	50 40	58 80	67 20	75 60	84 00	92 40	2 80
0 75	36 00	45 00	54 00	63 00	72 00	81 00	90 00	99 00	3 00
0 80	38 40	48 00	57 60	67 20	76 80	86 40	96 00	105 60	3 20
0 85	40 80	51 00	61 20	71 40	81 60	91 80	102 00	112 20	3 40
0 90	43 20	54 00	64 80	75 60	86 40	97 20	108 00	118 80	3 60
0 95	45 60	57 00	68 40	79 80	91 20	102 60	114 00	125 40	3 80
1 00	48 00	60 00	72 00	84 00	96 00	108 00	120 00	132 00	4 00

FÈVES

Prix des Fèves au litre et à l'hectolitre évalués en kilos et en farine.

20 litres (1 double-décal.) pèsent 16 kilos et en rendent 13 en farine.

HECTOLITRES. — LITRES.	POIDS	FARINE	PRIX DU DOUBLE-DÉCALITRE. 2 ou 14 28 les 100 kil.	2 50 ou 17 85 lés 100 kil.	3 ou 21.43 les 100 kil.	3 50 ou 25 les 100 kil.	4 ou 28 56 les 100 kil.	4 50 ou 32 11 les 100 kil.	PRIX complémrs 0.25
	kil. gr.	kil. gr.	fr. c.	fr. c.	fr. c.	fr. c.	fr. c.	fr. c.	fr. c.
0 01	0 800	0 65	0 10	0 12	0 15	0 17	0 20	0 22	0 01
0 02	1 600	1 30	0 20	0 25	0 30	0 35	0 40	0 45	0 02
0 03	2 400	1 95	0 30	0 37	0 45	0 52	0 60	0 67	0 03
0 04	3 200	2 60	0 40	0 50	0 60	0 70	0 80	0 90	0 05
0 05	4 000	3 25	0 50	0 62	0 75	0 87	1 00	1 12	0 06
0 10	8 000	6 50	1 00	1 25	1 50	1 75	2 00	2 25	0 12
0 15	12 000	9 70	1 50	1 87	2 25	2 62	3 00	3 37	0 18
0 20	16 000	13 00	2 00	2 50	3 00	3 50	4 00	4 50	0 25
0 25	20 000	16 25	2 50	3 12	3 75	4 37	5 00	5 62	0 31
0 30	24 000	19 50	3 00	3 75	4 50	5 25	6 00	6 75	0 37
0 35	28 000	22 75	3 50	4 37	5 25	6 12	7 00	7 87	0 43
0 40	32 000	26 00	4 00	5 00	6 00	7 00	8 00	9 00	0 53
0 45	36 000	29 25	4 50	5 60	6 75	7 87	9 00	10 12	0 56
0 50	40 000	32 50	5 00	6 25	7 50	8 75	10 00	11 25	0 62
0 55	44 000	35 75	5 50	6 87	8 25	9 62	11 00	12 37	0 68
0 60	48 000	39 00	6 00	7 50	9 00	10 50	12 00	13 50	0 75
0 65	52 000	42 25	6 50	8 12	9 75	11 37	13 00	14 62	0 81
0 70	56 000	45 50	7 00	8 75	10 50	12 25	14 00	15 75	0 87
0 75	60 000	48 75	7 50	9 37	11 25	13 12	15 00	16 87	0 93
0 80	64 000	52 00	8 00	10 00	12 00	14 00	16 00	18 00	1 00
0 85	68 000	55 25	8 50	10 62	12 75	14 87	17 00	19 12	1 06
0 90	72 000	58 50	9 00	11 25	13 50	15 75	18 00	20 25	1 12
0 95	76 000	61 75	9 50	11 87	14 25	16 62	19 00	21 37	1 18
1 00	80 000	65 00	10 00	12 50	15 00	17 50	20 00	22 50	1 25

FÈVES

Prix des Fèves au kilog. évalué en litres, hectolitres et en farine.

16 kilos valent 20 litres (1 double-décalitre) et rendent 13 kilos de farine.

DOUBLES-DÉCAL.	POIDS	FARINE	PRIX DU DOUBLE-DÉCALITRE. 2 ou 11 28 les 100 kil.	2 50 ou 17 85 les 100 kil.	3 ou 21 43 les 100 kil.	3 50 ou 25 les 100 kil.	4 ou 28 56 les 100 kil.	4 50 ou 32 11 les 100 kil.	PRIX compléme 0.25
	kil. gr.	kil. gr.	fr. c.	fr. c.	fr. c.	fr. c.	fr. c.	fr. c.	fr. c.
1 00	1 25	0 812	0 14	0 17	0 21	0 25	0 28	0 32	0 01
2 00	2 50	1 624	0 28	0 35	0 42	0 50	0 57	0 64	0 03
3 00	3 75	2 436	0 42	0 53	0 64	0 75	0 85	0 96	0 04
4 00	5 00	3 248	0 56	0 71	0 85	1 00	1 14	1 28	0 05
5 00	6 25	4 060	0 71	0 89	1 07	1 25	1 42	1 60	0 07
10 00	12 50	8 120	1 42	1 78	2 14	2 50	2 85	3 21	0 15
15 00	18 75	12 180	2 13	2 67	3 21	3 75	4 27	4 81	0 23
20 00	25 00	16 240	2 84	3 56	4 28	5 00	5 70	6 42	0 30
25 00	31 25	20 310	3 57	4 46	5 35	6 25	7 14	8 03	0 39
30 00	37 50	24 360	4 26	5 34	6 42	7 50	8 55	9 63	0 45
35 00	43 75	28 420	4 97	6 23	7 49	8 75	9 97	11 23	0 52
40 00	50 00	32 480	5 68	7 12	8 56	10 00	11 40	12 84	0 60
45 00	56 25	36 540	6 39	8 01	9 63	11 25	12 82	14 44	0 67
50 00	62 50	40 620	7 14	8 92	10 71	12 50	14 25	16 07	0 78
55 00	68 75	44 660	7 81	9 79	11 77	13 75	15 67	17 65	0 85
60 00	75 00	48 720	8 52	10 68	12 84	15 00	17 10	19 26	0 90
65 00	80 25	52 780	9 23	11 57	13 91	16 25	18 52	20 86	0 97
70 00	87 50	56 840	9 94	12 46	14 98	17 50	19 95	22 47	1 05
75 00	92 75	60 900	10 65	13 35	16 05	18 75	21 37	24 07	1 12
80 00	100 00	64 960	11 36	14 24	17 12	20 00	22 80	25 68	1 20
85 00	105 25	69 020	12 07	15 13	18 19	21 25	24 22	27 28	1 27
90 00	112 50	73 080	12 78	16 02	19 26	22 50	25 65	28 89	1 39
95 00	117 75	77 410	13 49	16 91	20 33	23 75	27 07	30 49	1 46
100 00	125 00	81 250	14 28	17 85	21 43	25 00	28 50	32 11	1 56

FÈVES

Prix des Fèves au double-décalitre évalué en kilos et en farine.

1 double-décalitre pèse 16 kilos et en rend 13 en farine.

DOUBLES-DÉCAL.	POIDS	FARINE	PRIX DU DOUBLE-DÉCALITRE. 2 ou 14 28 les 100 kil.	2 50 ou 17 85 les 100 kil.	3 ou 21 43 les 100 kil.	3 50 ou 25 les 100 kil.	4 ou 28 56 les 100 kil.	4 50 ou 32 14 les 100 kil.	PRIX complém. 0.25
	kil. gr.	kil. gr.	fr. c.	fr. c.	fr. c.	fr. c.	fr. c.	fr. c.	fr. c.
1 00	16 000	13 000	2 00	2 50	3 00	3 50	4 00	4 50	0 25
2 00	32 000	26 000	4 00	5 00	6 00	7 00	8 00	9 00	0 50
3 00	48 000	39 000	6 00	7 50	9 00	10 50	12 00	13 50	0 75
4 00	64 000	52 000	8 00	10 00	12 00	14 00	16 00	18 00	1 00
5 00	80 000	65 000	10 00	12 50	15 00	17 50	20 00	22 50	1 25
10 00	160 000	130 000	20 00	25 00	30 00	35 00	40 00	45 00	2 50
15 00	240 000	145 000	30 00	37 50	45 00	52 50	60 00	67 50	3 75
20 00	320 000	260 000	40 00	50 00	60 00	70 00	80 00	90 00	5 00
25 00	400 000	325 000	50 00	62 50	75 00	87 50	100 00	112 50	6 25
30 00	480 000	390 000	60 00	75 00	90 00	105 00	120 00	135 00	7 50
35 00	560 000	455 000	70 00	87 50	105 00	122 50	140 00	157 50	8 75
40 00	640 000	520 000	80 00	100 00	120 00	140 00	160 00	180 00	10 00
45 00	720 000	585 000	90 00	112 50	135 00	157 50	180 00	202 50	11 25
50 00	800 000	650 000	100 00	125 00	150 00	175 00	200 00	225 00	12 50
55 00	880 000	715 000	110 00	137 50	165 00	192 50	220 00	247 50	13 75
60 00	960 000	780 000	120 00	150 00	180 00	210 00	240 00	270 00	15 00
65 00	1040 000	845 000	130 00	162 50	195 00	227 50	260 00	292 50	16 25
70 00	1120 000	910 000	140 00	175 00	210 00	245 00	280 00	315 00	17 50
75 00	1200 000	975 000	150 00	187 50	225 00	262 50	300 00	337 50	18 75
80 00	1280 000	1040 000	160 00	200 00	240 00	280 00	320 00	360 00	20 00
85 00	1360 000	1105 000	170 00	212 50	255 00	297 50	340 00	382 50	21 25
90 00	1440 000	1170 000	180 00	225 00	270 00	315 00	360 00	405 00	22 50
95 00	1520 000	1235 000	190 00	237 50	285 00	332 50	380 00	427 50	23 75
100 00	1600 000	1300 000	200 00	250 00	300 00	350 00	400 00	450 00	25 00

FÈVES

Prix des Fèves au kilog. évalué en doubles-décalitres et en farine.

16 kilos valent 1 double-décalitre et rendent 13 kilos de farine.

POIDS	DOUBLES-DÉCAL. | DOUBLES-DÉCIL.	FARINE	PRIX DU DOUBLE-DÉCALITRE. 2 ou 14 28 les 100 kil.	2 50 ou 17 85 les 100 kil.	3 ou 21 43 les 100 kil.	3 50 ou 25 les 100 kil.	4 ou 28 56 les 100 kil.	4 50 ou 32 14 les 100 kil.	PRIX complém^rs^ 0.25
kil. gr.		kil. gr.	fr. c.	fr. c.	fr. c.	fr. c.	fr. c.	fr. c.	fr. c.
1 00	0 06	0 07	0 14	0 17	0 21	0 25	0 28	0 32	0 01
2 00	0 12	0 15	0 28	0 35	0 42	0 50	0 57	0 64	0 03
3 00	0 18	0 23	0 42	0 63	0 64	0 75	0 85	0 96	0 04
4 00	0 24	0 30	0 56	0 71	0 85	1 00	1 14	1 28	0 05
5 00	0 31	0 38	0 71	0 89	1 07	1 25	1 42	1 60	0 07
10 00	0 62	0 76	1 42	1 78	2 14	2 50	2 85	3 21	0 15
15 00	0 93	1 15	2 13	2 67	3 21	3 75	4 27	4 81	0 23
20 00	1 24	1 52	2 84	3 56	4 28	5 00	5 70	6 42	0 30
25 00	1 56	1 92	3 57	4 46	5 35	6 25	7 14	8 03	0 39
30 00	1 86	2 30	4 26	5 34	6 42	7 50	8 55	9 63	0 45
35 00	2 17	2 69	4 97	6 23	7 49	8 75	9 92	11 23	0 52
40 00	2 48	3 04	5 68	7 12	8 56	10 00	11 40	12 84	0 60
45 00	2 79	3 46	6 39	8 01	9 63	11 25	12 62	14 44	0 67
50 00	3 12	3 84	7 14	8 92	10 71	12 50	14 28	16 07	0 78
55 00	3 41	4 22	7 81	9 79	11 77	13 75	15 67	17 65	0 85
60 60	3 72	4 60	8 52	10 68	12 84	15 00	17 10	19 26	0 90
65 00	4 03	4 99	9 23	11 57	13 91	16 25	18 52	20 86	0 97
70 00	4 34	5 38	9 94	12 46	14 98	17 50	19 96	22 47	1 05
75 00	4 65	5 76	10 65	13 35	16 05	18 75	21 37	24 27	1 12
80 00	4 96	6 08	11 36	14 24	17 12	20 00	22 80	25 68	1 20
85 00	5 27	6 53	12 27	15 13	18 18	21 25	24 22	27 28	1 27
90 00	5 58	6 92	12 78	16 02	19 26	22 50	25 65	28 89	1 39
95 00	5 89	7 30	13 49	16 91	20 33	23 75	27 07	30 49	1 46
100 00	6 25	7 69	14 28	17 85	21 43	25 00	28 56	32 14	1 56

4

FARINE DE FÈVES

Prix de la Farine de fèves au kil. évalué en litres et en doubles-décal. de fèves.

13 *kilos de farine proviennent de* 20 *litres* (1 *double-décal.*) *de fèves.*

FARINE	LITRES. | CENTILITRES.	DOUBLES-DÉCAL. | DOUBLES-DÉCIL.	PRIX DU DOUBLE-DÉCALITRE.						PRIX complém^re 0.25
			2 ou 14 28 les 100 kil.	2 50 ou 17 85 les 100 kil.	3 ou 21 43 les 100 kil.	3 50 ou 25 les 100 kil.	4 ou 28 56 les 100 kil.	4 50 ou 32 14 les 100 kil.	
kil. gr.			fr. c.	fr. c.	fr. c.	fr. c.	fr. c.	fr. c.	fr. c.
1 00	1 53	0 07	0 15	0 19	0 23	0 26	0 30	0 31	0 01
2 00	3 06	0 15	0 30	0 38	0 46	0 52	0 60	0 62	0 03
3 00	4 59	0 22	0 45	0 57	0 69	0 78	0 90	0 93	0 05
4 00	6 12	0 30	0 60	0 76	0 92	1 04	1 20	1 24	0 07
5 00	7 69	0 38	0 76	0 96	1 15	1 34	1 53	1 58	0 09
10 00	15 38	0 76	1 53	1 92	2 30	2 69	3 07	3 06	0 19
15 00	22 95	1 14	2 25	2 85	3 45	3 90	4 50	4 65	0 28
20 00	30 76	1 52	3 07	3 84	4 60	5 38	6 14	6 32	0 38
25 00	38 46	1 92	3 84	4 81	5 76	6 73	7 69	7 90	0 48
30 00	45 90	2 28	4 50	5 70	6 90	7 80	9 00	9 30	0 57
35 00	53 55	2 66	5 25	6 66	8 05	9 10	10 50	10 85	0 66
40 00	61 52	3 04	6 15	7 68	9 20	10 76	12 28	12 64	0 76
45 00	68 85	3 42	6 75	8 55	10 35	11 70	13 50	13 95	0 85
50 00	76 92	3 84	7 69	9 61	11 53	13 46	15 38	15 80	0 96
55 00	84 15	4 18	8 25	10 45	12 65	14 30	16 50	17 05	1 04
60 00	91 80	4 56	9 00	11 40	13 80	15 60	18 00	18 60	1 14
65 00	99 49	4 94	9 76	12 36	14 95	16 94	19 50	20 18	1 23
70 00	107 10	5 32	10 50	13 30	16 10	18 20	21 00	21 70	1 33
75 00	114 79	5 70	11 26	14 26	17 25	19 54	22 53	22 28	1 42
80 00	123 04	6 08	12 30	15 36	18 40	21 52	24 56	25 28	1 52
85 00	130 73	6 46	13 07	16 32	19 55	22 86	26 09	26 86	1 61
90 00	137 70	6 84	13 50	17 10	20 70	23 40	27 00	27 91	1 71
95 00	145 39	7 22	14 26	18 06	21 85	24 74	28 53	29 48	1 80
100 00	153 84	7 69	15 38	19 23	23 07	26 92	30 76	31 61	1 92

MAÏS

ÉVALUATION DE LA RÉCOLTE

CONTENᶜᵉ	PRODUIT DE L'HECTARE EN DOUBLES-DÉCALITRES.								PRODUIT complémʳᵉ
	MINIMUM.		MOYEN.				MAXIMUM.		
	60	72	84	96	108	120	132	144	4
hect. ares.									
0 01	0 60	0 72	0 84	0 96	1 08	1 20	1 32	1 44	0 04
0 02	1 20	1 44	1 68	1 92	2 16	2 40	2 64	2 88	0 08
0 03	1 80	2 16	2 52	2 88	3 24	3 60	3 96	4 32	0 12
0 04	2 40	2 88	3 36	3 84	4 32	4 80	5 28	5 76	0 16
0 05	3 00	3 60	4 20	4 80	5 40	6 00	6 66	7 20	0 20
0 10	6 00	7 20	8 40	9 60	10 80	12 00	13 20	14 40	0 40
0 15	9 00	10 80	12 60	14 40	16 20	18 00	19 80	21 60	0 60
0 20	12 00	14 40	16 80	19 20	21 60	24 00	26 40	28 80	0 80
0 25	15 00	18 00	21 00	24 00	27 00	30 00	33 00	36 00	1 00
0 30	18 00	21 60	25 20	28 80	32 40	36 00	39 60	43 20	1 20
0 35	21 00	25 20	29 40	33 60	37 80	42 00	46 20	50 40	1 40
0 40	24 00	28 80	33 60	38 40	43 20	48 00	52 80	57 60	1 60
0 45	27 00	32 40	37 80	43 20	48 60	54 00	59 40	64 80	1 80
0 50	30 00	36 00	42 00	48 00	54 00	60 00	66 00	72 00	2 00
0 55	33 00	39 60	46 20	52 80	59 40	66 00	72 60	79 20	2 20
0 60	36 00	43 20	50 40	57 60	64 80	72 00	79 20	86 40	2 40
0 65	39 00	46 80	54 60	62 40	70 20	78 00	85 80	93 60	2 60
0 70	42 00	50 40	58 00	67 20	75 60	84 00	92 40	100 80	2 80
0 75	45 00	54 00	63 00	72 00	81 00	90 00	99 00	108 00	3 00
0 80	48 00	57 60	67 20	76 80	86 40	96 00	106 60	115 20	3 20
0 85	51 00	61 20	71 40	81 60	91 80	102 00	112 20	122 40	3 40
0 90	54 00	64 80	75 60	86 40	97 20	108 00	118 80	129 60	3 60
0 95	57 00	68 40	79 80	91 20	102 60	114 00	125 40	136 80	3 80
1 00	60 00	72 00	84 00	96 00	108 00	120 00	132 00	144 00	4 00

MAÏS VERT

Prix du Maïs vert au litre évalué en kilos et en farine.

20 litres (1 double-décal.) pèsent 13 kilos et en rendent 11 de farine.

HECTOLITRES. | LITRES.	POIDS	FARINE	PRIX DU DOUBLE-DÉCALITRE. 1 50 ou 11 53 les 100 kil.	2 ou 15 38 les 100 kil.	2 50 ou 19 23 les 100 kil.	3 ou 23 07 les 100 kil.	3 50 ou 26 92 les 100 kil.	4 ou 30 76 les 100 kil.	PRIX compl[ém]rs 0.25
	kil. gr.	kil. gr.	fr. c.	fr. c.	fr. c.	fr. c.	fr. c.	fr. c.	fr. c.
0 1	0 65	0 550	0 07	0 10	0 12	0 15	0 17	0 20	0 01
0 2	1 30	1 100	0 15	0 20	0 25	0 30	0 35	0 40	0 02
0 3	1 95	1 650	0 22	0 30	0 37	0 45	0 52	0 60	0 03
0 4	2 60	2 200	0 30	0 40	0 50	0 60	0 70	0 80	0 05
0 5	3 25	2 750	0 37	0 50	0 62	0 75	0 87	1 00	0 06
0 10	6 50	5 550	0 75	1 00	1 25	1 50	1 75	2 00	0 12
0 15	9 75	8 250	1 12	1 50	1 87	2 25	2 62	3 00	0 18
0 20	13 00	11 000	1 50	2 00	2 50	3 00	3 50	4 00	0 25
0 25	16 25	13 750	1 87	2 50	3 12	3 75	4 37	5 00	0 31
0 30	19 50	16 500	2 25	3 00	3 75	4 50	5 25	6 00	0 37
0 35	22 75	19 250	2 61	3 50	4 37	5 25	6 17	7 00	0 41
0 40	26 00	22 000	3 00	4 00	5 00	6 00	7 00	8 00	0 53
0 45	29 25	24 750	3 37	4 50	5 62	6 75	7 87	9 00	0 56
0 50	32 50	27 500	3 75	5 00	6 25	7 50	8 75	10 00	0 62
0 55	35 75	30 250	4 12	5 50	6 87	8 25	9 62	11 00	0 68
0 60	39 00	33 000	4 50	6 00	7 50	9 00	10 50	12 00	0 75
0 65	42 25	35 750	4 87	6 50	8 12	9 75	11 37	13 00	0 81
0 70	45 50	38 500	5 25	7 00	8 75	10 50	12 25	14 00	0 87
0 75	49 25	41 250	5 62	7 50	9 37	11 25	13 12	15 00	0 93
0 80	52 00	44 000	6 00	8 00	10 00	12 00	14 00	16 00	1 00
0 85	55 25	46 750	6 37	8 50	10 62	12 75	14 87	17 00	1 06
0 90	58 50	49 500	6 75	9 00	11 25	13 50	15 75	18 00	1 12
0 95	61 75	52 250	7 12	9 50	18 87	14 25	17 62	19 00	1 18
1 00	65 00	55 000	7 50	10 00	12 50	15 00	17 50	20 00	1 25

MAÏS VERT

Prix du Maïs vert au kilog. évalué en litres, hectolitres et en farine.

13 kilos valent 20 litres (1 double-décalitre) et rendent 11 kilos de farine.

POIDS	LITRES.	CENTILITRES.	FARINE	PRIX DU DOUBLE-DÉCALITRE. 1 50 ou 11 53 les 100 kil.	2 ou 15 38 les 100 kil.	2 50 ou 19 23 les 100 kil.	3 ou 23 07 les 100 kil.	3 50 ou 26 92 les 100 kil.	4 ou 30 76 les 100 kil.	PRIX compléme 0.25
kil. gr.			kil. gr.	fr. c.	fr. c.	fr. c.	fr. c.	fr. c.	fr. c.	fr. c.
1 00	1	53	0 840	0 11	0 15	0 19	0 23	0 26	0 30	0 01
2 00	3	07	1 690	0 23	0 30	0 38	0 46	0 53	0 61	0 03
3 00	4	61	2 530	0 34	0 45	0 57	0 69	0 80	0 92	0 05
4 00	6	15	3 380	0 46	0 61	0 76	0 92	1 07	1 22	0 07
5 00	7	69	4 230	0 57	0 76	0 96	1 15	1 34	1 53	0 09
10 00	15	38	8 460	1 15	1 53	1 92	2 30	2 69	3 07	0 19
15 00	22	57	12 690	1 72	2 29	2 88	3 45	4 03	4 63	0 28
20 00	30	76	16 920	2 30	3 06	3 84	4 60	4 38	6 14	0 38
25 00	38	46	21 150	2 88	3 84	4 81	5 76	6 73	7 69	0 48
30 00	45	14	25 380	3 45	4 59	5 76	6 90	8 07	9 21	0 57
35 00	53	83	29 610	4 02	5 35	6 72	8 05	9 41	10 75	0 66
40 00	61	52	33 840	4 60	6 12	7 68	9 20	10 76	12 28	0 76
45 00	69	21	38 070	5 17	6 88	8 64	10 35	12 10	13 81	0 85
50 00	76	92	42 300	5 76	7 69	9 61	11 53	13 46	15 38	0 96
55 00	84	59	46 530	6 32	8 41	10 56	12 65	14 79	16 88	1 04
60 00	90	28	50 760	6 90	9 18	11 52	13 80	16 14	18 54	1 14
65 00	99	97	54 990	7 47	9 94	12 48	14 95	17 48	19 95	1 23
70 00	107	66	59 220	8 05	10 71	13 44	16 10	18 83	21 49	1 33
75 00	110	35	63 450	8 62	11 47	14 40	17 25	20 17	23 02	1 42
80 00	123	04	67 680	9 20	12 24	15 36	18 40	21 52	24 56	1 52
85 00	130	73	71 910	9 77	13 00	16 32	19 55	22 86	26 09	1 61
90 00	138	42	76 140	10 35	13 77	17 28	20 70	24 21	27 63	1 75
95 00	146	11	80 370	10 92	14 53	18 24	21 85	25 55	29 16	1 80
100 00	153	84	84 610	11 53	15 38	19 23	23 07	26 92	36 76	1 92

MAÏS VERT

Prix du Maïs vert au double-décalitre évalué en kilog. et en farine.

1 double-décalitre pèse 13 kilos et en rend 11 de farine.

DOUBLES-DÉCAL.	POIDS	FARINE	PRIX DU DOUBLE-DÉCALITRE. 1 50 ou 11 53 les 100 kil.	2 ou 15 38 les 100 kil.	2 50 ou 19 23 les 100 kil.	3 ou 23 07 les 100 kil.	3 50 ou 26 92 les 100 kil.	4 ou 20 76 les 100 kil.	PRIX complémre 0.25
	kil. gr.	kil. gr.	fr. c.	fr. c.	fr. c.	fr. c.	fr. c.	fr. c.	fr. c.
1 00	13 000	11 000	1 50	2 00	2 50	3 00	3 50	4 00	0 25
2 00	26 000	22 000	3 00	4 00	5 00	6 00	7 00	8 00	0 50
3 00	39 000	33 000	4 50	6 00	7 50	9 00	10 50	12 00	0 75
4 00	52 000	44 000	6 00	8 00	10 00	12 00	14 00	16 00	1 00
5 00	65 000	55 000	7 50	10 00	12 50	15 00	17 50	20 00	1 25
10 00	130 000	110 000	15 00	20 00	25 00	30 00	35 00	40 00	2 50
15 00	195 000	165 000	22 50	30 00	37 50	45 00	52 50	60 00	3 75
20 00	260 000	220 000	30 00	40 00	50 00	60 00	70 00	80 00	5 00
25 00	325 000	275 000	37 50	50 00	62 50	75 00	87 50	100 00	6 25
30 00	390 000	330 000	45 00	60 00	75 00	90 00	105 00	120 00	7 50
35 00	455 000	385 000	52 50	70 00	82 50	105 00	122 50	140 00	8 75
40 00	520 000	440 000	60 00	80 00	100 00	120 00	140 00	160 00	10 00
45 00	585 000	495 000	67 50	90 00	112 50	135 00	152 50	180 00	11 25
50 00	650 000	556 000	75 00	100 00	125 00	150 00	175 00	200 00	12 50
55 00	715 000	605 000	82 50	110 00	137 50	165 00	192 50	220 00	13 75
60 00	780 000	660 000	90 00	120 00	150 00	180 00	210 00	240 00	15 00
65 00	845 000	715 000	97 50	130 00	162 50	195 00	227 50	260 00	16 25
70 00	910 000	770 000	105 00	140 00	165 00	210 00	245 00	280 00	17 50
75 00	975 000	825 000	112 50	150 00	177 50	225 00	262 50	300 00	18 75
80 00	1040 000	880 000	120 00	160 00	200 00	240 00	280 00	320 00	20 00
85 00	1105 000	635 000	127 50	170 00	212 50	255 00	297 50	340 00	21 25
90 00	1170 000	990 000	135 00	180 00	225 00	270 00	315 00	360 00	22 50
95 00	1235 000	1045 000	142 50	190 00	237 50	285 00	332 50	380 00	23 75
100 00	1300 000	1100 000	150 00	200 00	250 00	300 00	350 00	400 00	25 00

MAÏS VERT

Prix du Maïs vert au kilog. évalué en doubles-décalitres et en farine.

13 *kilos valent* 1 *double-décalitre et rendent* 11 *kilos de farine.*

POIDS	DOUBLES-DÉCAL. | DOUBLES-DÉCIL.	FARINE	PRIX DU DOUBLE-DÉCALITRE. 1 50 ou 11 53 les 100 kil.	2 ou 15 38 les 100 kil.	2 50 ou 19 23 les 100 kil.	3 ou 23 07 les 100 kil.	3 50 ou 26 92 les 100 kil.	4 ou 30 76 les 100 kil.	PRIX compléम
kil. gr.		kil. gr.	fr. c.	fr. c.	fr. c.	fr. c.	fr. c.	fr. c.	fr. c.
1 00	0 07	0 099	0 11	0 15	0 19	0 23	0 26	0 30	0 01
2 00	0 15	0 180	0 23	0 30	0 38	0 46	0 53	0 61	0 03
3 00	0 23	0 270	0 34	0 45	0 57	0 69	0 80	0 92	0 05
4 00	0 31	0 360	0 46	0 61	0 76	0 92	1 07	1 22	0 07
5 00	0 39	0 450	0 57	0 76	0 96	1 15	1 34	1 52	0 09
10 00	0 79	0 900	1 15	1 53	1 92	2 30	2 69	3 07	0 19
15 00	1 18	1 350	1 72	2 29	2 88	3 45	4 03	4 63	0 28
20 00	1 58	1 800	2 30	3 06	3 84	4 60	5 38	6 14	0 38
25 00	1 92	2 270	2 88	3 84	4 80	5 71	6 73	7 64	0 48
30 00	2 37	2 700	3 45	4 59	5 76	6 90	8 07	9 21	0 57
35 00	2 76	3 150	4 02	5 35	6 72	8 05	9 41	10 75	0 66
40 00	3 16	3 600	4 60	6 12	7 68	9 20	10 76	12 28	0 76
45 00	3 55	4 050	5 17	6 88	8 64	10 35	12 10	13 81	0 85
50 00	3 84	4 540	5 76	7 69	9 61	11 53	13 46	15 38	0 96
55 00	4 34	4 940	6 32	8 41	10 56	12 65	14 79	16 88	1 04
60 00	4 74	5 400	6 90	9 18	11 52	13 80	16 14	18 42	1 14
65 00	5 13	5 850	7 47	9 94	12 48	14 95	17 48	19 95	1 23
70 00	5 53	6 300	8 05	10 71	13 44	16 10	18 83	21 49	1 33
75 00	5 92	6 750	8 62	11 47	14 40	17 25	20 17	23 02	1 42
80 00	6 32	7 200	9 20	12 24	15 36	18 40	21 52	24 56	1 52
85 00	6 71	7 650	9 77	13 00	16 32	19 55	22 86	26 09	1 61
90 00	7 01	8 100	10 35	13 77	17 28	20 70	24 21	27 63	1 71
95 00	7 50	8 550	10 92	14 54	18 24	21 85	25 55	29 16	1 80
100 00	7 69	9 090	11 53	15 38	19 23	23 07	26 92	30 76	1 92

FARINE DE MAÏS VERT

Prix de la Farine au kilog. évalué en litres et en doubles-décalitres.

11 kilos de farine proviennent de 20 litres (1 double-décal.) de maïs.

FARINE	LITRES. | CENTILITRES.	DOUBLES-DÉCAL. | DOUBLES-DÉCIL.	PRIX DU DOUBLE-DÉCALITRE. 1 50 ou 11 53 les 100 kil.	2 ou 15 38 les 100 kil.	2 50 ou 19 23 les 100 kil.	3 ou 23 07 les 100 kil.	3 50 ou 26 92 les 100 kil.	4 ou 30 76 les 100 kil.	PRIX compléments 0,25
kil. gr.			fr. c.	fr. c.	fr. c.	fr. c.	fr. c.	fr. c.	fr. c.
1 00	1 81	0 09	0 13	0 18	0 22	0 27	0 31	0 36	0 02
2 00	3 63	0 18	0 26	0 38	0 44	0 54	0 62	0 72	0 04
3 00	5 45	0 27	0 39	0 54	0 66	0 81	0 93	1 08	0 06
4 00	7 27	0 36	0 52	0 72	0 88	1 08	1 24	1 44	0 08
5 00	9 09	0 45	0 68	0 90	1 18	1 36	1 59	1 81	0 10
10 00	18 18	0 90	1 36	1 81	2 27	2 72	3 18	3 63	0 22
15 00	27 27	1 35	1 95	2 70	3 30	4 05	4 65	5 40	0 31
20 00	36 20	1 80	2 72	3 62	4 54	5 44	6 36	7 26	0 41
25 00	45 45	2 27	3 40	4 54	5 18	6 81	7 95	9 09	0 52
30 00	54 54	2 70	3 90	5 40	6 60	8 17	9 30	10 80	0 62
35 00	63 63	3 15	4 55	6 30	7 70	9 45	10 85	12 60	0 72
40 00	72 40	3 60	5 44	7 24	9 08	10 88	12 72	14 52	0 82
45 00	81 81	4 05	5 85	8 10	10 26	12 15	13 95	16 20	0 92
50 00	90 90	4 50	6 81	9 09	11 36	13 63	15 90	18 18	1 03
55 00	99 99	4 95	7 15	9 90	12 10	14 85	17 05	19 80	1 13
60 00	109 08	5 40	7 80	10 80	13 20	16 20	18 60	21 60	1 23
65 00	118 17	5 85	8 48	11 70	14 38	17 56	20 19	23 41	1 33
70 00	127 26	6 30	9 10	12 60	15 40	18 90	21 70	25 30	1 43
75 00	136 35	6 75	9 78	13 50	16 58	20 26	23 29	27 01	1 54
80 00	145 80	7 20	10 88	14 48	18 16	21 76	25 44	29 04	1 65
85 00	154 53	7 35	11 56	15 38	19 31	23 12	27 03	30 85	1 75
90 00	163 62	8 10	11 70	16 20	20 40	24 30	27 90	32 40	1 86
95 00	172 71	8 55	12 38	17 10	21 61	25 66	29 49	33 21	2 16
100 00	181 81	9 09	13 63	18 18	22 72	27 27	31 81	36 36	2 27

MAÏS SEC

Prix du Maïs sec au litre et à l'hectolitre évalués en kilog. et en farine.

20 *litres* (1 *double-décal.*) *pèsent* 15 *kilos et en rendent* 14 *en farine.*

HECTOLITRES. | LITRES.	POIDS	FARINE	PRIX DU DOUBLE-DÉCALITRE. 1 50 ou 10 les 100 kil.	2 ou 13 33 les 100 kil.	2 50 ou 16 66 les 100 kil.	3 ou 20 les 100 kil.	3 50 ou 23 33 les 100 kil.	4 ou 26 66 les 100 kil.	PRIX compléme 0.25
	kil. gr.	kil. gr.	fr. c.	fr. c.	fr. c.	fr. c.	fr. c.	fr. c.	fr. c.
0 01	0 750	0 700	0 07	0 10	0 12	0 15	0 17	0 20	0 01
0 02	1 500	1 400	0 15	0 20	0 25	0 30	0 35	0 40	0 02
0 03	2 250	2 100	0 22	0 30	0 37	0 45	0 52	0 60	0 03
0 04	3 000	2 8 0	0 30	0 40	0 50	0 60	0 70	0 80	0 05
0 05	3 750	3 500	0 37	0 50	0 62	0 75	0 87	1 00	0 06
0 10	7 500	7 000	0 75	1 00	1 25	1 50	1 75	2 00	0 12
0 15	11 250	10 500	1 12	1 50	1 87	2 25	2 62	3 00	0 18
0 20	15 000	14 000	1 50	2 00	2 50	3 00	3 50	4 00	0 25
0 25	18 750	17 500	1 87	2 50	3 12	3 75	4 37	5 00	0 31
0 30	22 500	21 000	2 25	3 00	3 75	4 50	5 25	6 00	0 37
0 35	26 250	24 500	2 62	3 50	4 37	5 25	6 12	7 00	0 43
0 40	30 000	28 000	3 00	4 00	5 00	6 00	7 00	8 00	0 53
0 45	33 750	32 500	3 37	4 50	5 62	6 75	7 87	9 00	0 56
0 50	37 500	35 000	3 75	5 00	6 25	7 50	8 75	10 00	0 62
0 55	41 250	38 500	4 12	5 50	6 87	8 25	9 62	11 00	0 68
0 60	45 000	42 000	4 50	6 00	7 50	9 00	10 50	12 00	0 75
0 65	48 750	45 500	4 87	6 50	8 12	9 75	11 37	13 00	0 81
0 70	52 500	49 000	5 25	7 00	8 75	10 50	12 25	14 00	0 87
0 75	56 250	52 500	5 62	7 50	9 37	11 25	13 12	15 00	0 93
0 80	60 000	56 000	6 00	8 00	10 00	12 00	14 00	16 00	1 00
0 85	63 750	59 500	6 37	8 50	10 62	12 75	14 87	17 00	1 06
0 90	67 500	63 000	6 75	9 00	11 25	13 50	15 75	18 00	1 12
0 95	71 250	66 500	7 12	9 50	11 87	14 25	16 62	19 00	1 18
1 00	75 000	70 000	7 50	10 00	12 50	15 00	17 50	20 00	1 25

MAÏS SEC

Prix du Maïs sec au kilog. évalué en litres, hectolitres et en farine.

15 *kilos valent* 20 *litres* (1 *double-décalitre*) *et rendent* 14 *kilos de farine.*

POIDS	LITRES. — CENTILITRES.	FARINE	PRIX DU DOUBLE-DÉCALITRE. 1 50 ou 10 les 100 kil.	2 ou 13 33 les 100 kil.	2 50 ou 16 66 les 100 kil.	3 ou 20 les 100 kil.	3 50 ou 23 33 les 100 kil.	4 ou 26 66 les 100 kil.	PRIX compléın. 0.25
kil. gr.		kil. gr.	fr. c.	fr. c.	fr. c.	fr. c.	fr. c.	fr. c.	fr. c.
1 00	1 33	0 933	0 10	0 13	0 16	0 20	0 23	0 26	0 01
2 00	2 66	1 866	0 20	0 26	0 33	0 40	0 46	0 53	0 02
3 00	3 99	2 790	0 30	0 39	0 49	0 60	0 69	0 79	0 04
4 00	5 32	3 732	0 40	0 53	0 66	0 80	0 93	1 06	0 06
5 00	6 66	4 660	0 50	0 66	0 83	1 00	1 16	1 33	0 08
10 00	13 33	9 330	1 00	1 33	1 66	2 00	2 33	2 66	0 16
15 00	19 95	13 999	1 50	1 99	2 49	3 00	3 49	3 99	0 25
20 00	26 66	18 666	2 00	2 66	3 32	4 00	4 66	5 32	0 33
25 00	33 33	23 333	2 50	3 33	4 16	5 00	5 83	6 66	0 41
30 00	39 09	27 990	3 00	3 99	4 98	6 00	6 99	7 98	0 49
35 00	46 55	32 650	3 50	4 65	5 81	7 00	8 15	9 32	0 57
40 00	53 32	37 320	4 00	5 32	6 64	8 00	9 32	10 64	0 66
45 00	59 85	40 980	4 50	5 98	7 47	9 00	10 48	11 97	0 74
50 00	66 66	46 666	5 00	6 66	8 33	10 00	11 66	13 33	0 83
55 00	73 15	51 310	5 50	7 31	9 13	11 00	12 81	14 63	0 91
60 00	79 80	55 980	6 00	7 98	9 96	12 00	13 98	15 96	0 99
65 00	86 45	60 640	6 50	8 64	10 79	13 00	15 14	17 29	1 07
70 00	93 10	65 310	7 00	9 31	11 62	14 00	16 31	18 62	1 15
75 00	99 75	69 970	7 50	9 97	12 45	15 00	17 47	19 95	1 24
80 00	106 64	74 640	8 00	10 64	13 28	16 00	18 64	21 28	1 32
85 00	113 05	79 300	8 50	11 30	14 11	17 00	19 80	22 61	1 46
90 00	119 70	83 970	9 00	11 97	14 94	18 00	20 97	23 94	1 49
95 00	126 35	88 630	9 50	12 63	15 77	19 00	22 13	25 27	1 57
100 00	133 33	93 330	10 00	13 33	16 66	20 00	23 33	26 66	1 66

MAÏS SEC

Prix du Maïs sec au double-décalitre évalué en kilos et en farine.

1 double-décalitre (20 litres) pèse 15 kilos et en rend 14 de farine.

DOUBLES-DÉCAL.	POIDS	FARINE	PRIX DU DOUBLE-DÉCALITRE. 1 50 ou 10 les 100 kil.	2 ou 13 33 les 100 kil.	2 50 ou 16 66 les 100 kil.	3 ou 20 les 100 kil.	3 50 ou 23 33 les 100 kil.	4 ou 26 66 les 100 kil.	PRIX complémt 0.25
	kil. gr.	kil. gr.	fr. c.	fr. c.	fr. c.	fr. c.	fr. c.	fr. c.	fr. c.
1 00	15 000	14 000	1 50	2 00	2 50	3 00	3 50	4 00	0 25
2 00	30 000	28 000	3 00	4 00	5 00	6 00	7 00	8 00	0 50
3 00	45 000	42 000	4 50	6 00	7 50	9 00	10 50	12 00	0 75
4 00	60 000	56 000	6 00	8 00	10 00	12 00	14 00	16 00	1 00
5 00	75 000	70 000	7 50	10 00	12 50	15 00	17 50	20 00	1 25
10 00	150 000	140 000	15 00	20 00	25 00	30 00	35 00	40 00	2 50
15 00	225 000	210 000	22 50	30 00	37 50	45 00	52 50	60 00	3 75
20 00	300 000	280 000	30 00	40 00	50 00	60 00	70 00	80 00	5 00
25 00	375 000	350 000	37 50	50 00	62 50	75 00	82 50	100 00	6 25
30 00	450 000	420 000	45 00	60 00	75 00	90 00	105 00	120 00	7 50
35 00	525 000	490 000	52 50	70 00	87 50	105 00	122 50	140 00	8 75
40 00	600 000	560 000	60 00	80 00	100 00	120 00	140 00	160 00	10 00
45 00	675 000	630 000	67 50	90 00	112 50	135 00	157 50	180 00	11 25
50 00	750 000	700 000	75 00	100 00	125 00	150 00	175 00	200 00	12 50
55 00	825 000	770 000	82 50	110 00	135 50	165 00	192 50	220 00	13 75
60 00	900 000	840 000	90 00	120 00	150 00	180 00	210 00	240 00	15 00
65 00	975 000	910 000	97 50	130 00	162 50	195 00	227 50	260 00	16 25
70 00	1050 000	980 000	105 00	140 00	175 00	210 00	245 00	280 00	17 50
75 00	1125 000	1050 000	112 55	150 00	187 50	225 00	262 50	300 00	18 75
80 00	1200 000	1120 000	120 00	160 00	200 00	240 00	280 00	320 00	20 00
85 00	1275 000	1190 000	127 50	170 00	212 50	255 00	297 50	340 00	21 25
90 00	1350 000	1260 000	135 00	180 00	225 00	270 00	315 00	360 00	22 50
95 00	1425 000	1330 000	142 50	190 00	237 50	285 00	332 50	380 00	23 75
100 00	1500 000	1400 000	150 00	200 00	250 00	300 00	350 00	400 00	25 00

MAÏS SEC

Prix du Maïs sec au kilog. évalué en doubles-décalitres et en farine.

15 *kilos valent* 1 *double-décalitre et rendent* 14 *kilos de farine.*

POIDS	DOUBLES-DÉCAL. . DOUBLES-DÉCIL.	FARINE	PRIX DU DOUBLE-DÉCALITRE. 1 50 ou 10 les 100 kil.	2 ou 13 33 les 100 kil.	2 50 ou 16 66 les 100 kil.	3 ou 20 les 100 kil.	3 50 ou 20 33 les 100 kil.	4 ou 26 66 les 100 kil.	PRIX complémre 0.25
kil. gr.		kil. gr.	fr. c.	fr. c.	fr. c.	fr. c.	fr. c.	fr. c.	fr. c.
1 00	0 06	0 933	0 10	0 13	0 16	0 20	0 23	0 26	0 01
2 00	0 13	1 866	0 20	0 26	0 33	0 40	0 46	0 53	0 02
3 00	0 19	2 799	0 30	0 39	0 49	0 60	0 69	0 79	0 04
4 00	0 26	3 732	0 40	0 53	0 66	0 80	0 93	1 06	0 06
5 00	0 33	4 660	0 50	0 66	0 83	1 00	1 16	1 33	0 08
10 00	0 66	9 330	1 00	1 33	1 66	2 00	2 33	2 66	0 16
15 00	0 99	13 990	1 50	1 99	2 49	3 00	3 49	3 99	0 25
20 00	1 32	18 660	2 00	2 66	3 33	4 00	4 66	5 32	0 33
25 00	1 66	23 333	2 50	3 33	4 16	5 00	5 83	6 66	0 41
30 00	1 98	27 999	3 00	3 99	4 98	6 00	6 99	7 98	0 49
35 00	2 31	32 650	3 50	4 55	5 81	7 00	8 15	9 31	0 57
40 00	2 64	37 320	4 00	5 32	6 64	8 00	9 32	10 64	0 66
45 00	2 97	41 980	4 50	5 98	7 47	9 00	10 48	11 97	0 76
50 00	3 33	46 660	5 00	6 66	8 33	10 00	11 66	13 33	0 83
55 00	3 63	51 310	5 50	7 31	9 13	11 00	12 81	14 63	0 91
60 60	3 96	55 980	6 00	7 98	9 96	12 00	13 98	15 96	0 99
65 00	4 29	60 610	6 50	8 64	10 79	13 00	15 14	17 24	1 07
70 00	4 62	65 310	7 00	9 31	11 62	14 00	16 31	18 62	1 16
75 00	4 95	69 970	7 50	9 97	12 45	15 00	17 47	19 95	1 24
80 00	5 28	74 640	8 00	10 64	13 28	16 00	18 64	21 28	1 32
85 00	5 61	79 300	8 50	11 30	14 11	17 00	19 80	22 61	1 40
90 00	5 94	83 970	9 00	11 97	14 94	18 00	20 97	23 94	1 49
95 00	6 27	88 630	9 50	12 63	15 77	19 00	22 13	25 27	1 57
100 00	6 66	93 333	10 00	13 33	16 66	20 00	23 33	26 66	1 66

FARINE DE MAÏS SEC

Prix de la Farine du Maïs sec au kilog. évalué en litres et en doubles-décal.

14 kilos de farine proviennent de 20 litres (1 double-déçal.) de maïs sec.

FARINE	LITRES. | CENTILITRES.	DOUBLES-DÉCAL. | DOUBLES-DÉCIL.	PRIX DU DOUBLE-DÉCALITRE. 1 50 ou 10 les 100 kil.	2 ou 13 33 les 100 kil.	2 50 ou 16 66 les 100 kil.	3 ou 20 les 100 kil.	3 50 ou 23 33 les 100 kil.	4 ou 26 66 les 100 kil.	PRIX compl ém^ts 0.25
kil. gr.			fr. c.	fr. c.	fr. c.	fr. c.	fr. c.	fr. c.	fr. c.
1 00	1 42	0 07	0 10	0 14	0 17	0 21	0 25	0 28	0 01
2 00	2 84	0 14	0 20	0 28	0 34	0 42	0 50	0 56	0 03
3 00	4 26	0 21	0 30	0 42	0 51	0 63	0 75	0 84	0 05
4 00	5 68	0 28	0 40	0 56	0 68	0 84	1 00	1 12	0 06
5 00	7 14	0 35	0 50	0 71	0 89	1 07	1 25	1 42	0 08
10 00	14 28	0 71	1 07	1 42	1 78	2 14	2 50	2 85	0 17
15 00	21 30	1 05	1 50	2 10	2 55	3 15	3 75	4 20	0 25
20 00	28 56	1 42	2 14	2 84	3 56	4 28	5 00	5 70	0 35
25 00	35 71	1 78	2 67	3 57	4 46	5 35	6 25	7 14	0 43
30 00	42 60	2 10	3 00	4 20	5 10	6 30	7 50	8 40	0 54
35 00	49 70	2 45	3 50	4 90	5 95	7 35	8 75	9 80	0 62
40 00	57 12	2 84	4 28	5 68	7 12	8 56	10 00	11 40	0 71
45 00	63 90	3 15	4 50	6 30	7 65	9 45	11 25	12 60	0 79
50 00	71 42	3 57	5 35	7 14	8 92	10 71	12 50	14 28	0 89
55 00	78 10	3 85	5 50	7 70	9 35	11 55	13 75	15 40	0 97
60 00	85 20	4 20	6 00	8 40	10 20	12 60	15 00	16 80	1 06
65 00	92 34	4 55	6 53	9 11	11 09	13 67	16 25	18 22	1 14
70 00	99 40	4 90	7 00	9 80	11 96	14 70	17 50	19 60	1 24
75 00	106 54	5 25	7 53	10 51	12 79	15 77	18 75	21 02	1 32
80 00	114 24	5 68	8 56	11 36	14 24	17 12	20 00	22 80	1 42
85 00	121 38	6 03	9 09	12 07	15 13	18 19	21 25	24 22	1 50
90 00	127 80	6 30	9 63	12 60	15 30	18 90	22 50	25 20	1 60
95 00	134 94	6 65	10 16	13 31	16 19	19 97	23 75	26 62	1 68
100 00	142 85	7 14	10 71	14 28	17 85	31 40	25 00	28 55	1 78

POIS

ÉVALUATION DE LA RÉCOLTE

CONTENᶜᵉ	PRODUIT DE L'HECTARE EN DOUBLES-DÉCALITRES.								PRODUIT complémʳᵉ
	MINIMUM.		MOYEN.				MAXIMUM.		
	60	72	84	96	108	120	132	144	4
hect. ares.									
0 1	0 60	0 72	0 84	0 96	1 08	1 20	1 32	1 44	0 04
0 2	1 20	1 44	1 68	1 92	2 16	2 40	2 64	2 88	0 08
0 3	1 80	2 16	2 52	2 88	3 24	3 60	3 96	4 32	0 12
0 4	2 40	2 88	3 36	3 84	4 32	4 80	5 28	5 76	0 16
0 5	3 00	3 60	4 20	4 80	5 40	6 00	6 60	7 20	0 20
0 10	6 00	7 20	8 40	9 60	10 80	12 00	13 30	14 40	0 40
0 15	9 00	10 80	12 60	14 40	16 20	18 00	19 80	21 60	0 60
0 20	12 00	14 40	16 80	19 20	21 60	24 00	26 40	28 80	0 80
0 25	15 00	18 00	21 00	24 00	27 00	30 00	33 00	36 00	1 00
0 30	18 00	21 60	25 20	28 80	32 40	36 00	39 60	42 20	1 20
0 35	21 00	25 20	29 40	33 60	37 80	42 00	46 20	50 40	1 40
0 40	24 00	28 80	33 60	38 40	43 20	48 00	52 80	57 60	1 60
0 45	27 00	32 40	37 80	43 20	48 60	54 00	59 40	64 80	1 80
0 50	30 00	36 00	42 00	48 00	54 00	60 00	66 00	72 00	2 00
0 55	33 00	39 60	46 20	52 80	59 40	66 00	72 60	79 20	2 20
0 60	36 00	42 20	50 40	57 60	64 80	72 00	79 20	86 40	2 40
0 65	39 00	46 80	54 60	62 40	70 20	78 00	85 80	93 60	2 60
0 70	42 00	50 40	58 80	67 20	75 60	84 00	92 40	100 80	2 80
0 75	45 00	54 00	63 00	72 00	81 00	90 00	99 00	108 00	3 00
0 80	48 00	57 60	67 20	76 80	86 40	96 00	105 60	115 20	3 20
0 85	51 00	61 20	71 40	81 60	91 80	102 00	112 20	122 40	3 40
0 90	54 00	64 80	75 60	86 40	97 20	108 00	118 80	129 60	3 60
0 95	57 60	68 40	79 80	91 20	102 60	114 00	125 40	136 80	3 80
1 00	60 00	72 00	84 00	96 00	108 00	120 00	132 00	144 00	4 00

POIS

Prix des Pois au litre et à l'hectolitre évalués en kilos et en farine.

20 litres (1 double-décal.) pèsent 14 kilos et en rendent 11 de farine.

HECTOLITRES. | LITRES.	POIDS	FARINE	PRIX DU DOUBLE-DÉCALITRE. 2 ou 14 28 les 100 kil.	2 50 ou 17 85 les 100 kil.	3 ou 21 43 les 100 kil.	3 50 ou 25 les 100 kil.	4 ou 28 50 les 100 kil.	4 50 ou 32 14 les 100 kil.	PRIX compléme 0.25
	kil. gr.	kil. gr.	fr. c.	fr. c.	fr. c.	fr. c.	fr. c.	fr. c.	fr. c.
0 01	0 700	0 550	0 10	0 12	0 15	0 17	0 20	0 22	0 01
0 02	1 400	1 100	0 20	0 25	0 30	0 35	0 40	0 45	0 02
0 03	2 100	1 650	0 30	0 37	0 45	0 52	0 60	0 67	0 03
0 04	2 800	2 200	0 40	0 50	0 60	0 70	0 80	0 90	0 04
0 05	3 500	2 750	0 50	0 62	0 75	0 87	1 00	1 12	0 06
0 10	7 000	5 500	1 00	1 25	1 50	1 75	2 00	2 25	0 12
0 15	10 500	8 250	1 50	1 87	2 25	2 62	3 00	3 37	0 18
0 20	14 000	11 000	2 00	2 50	3 00	3 50	4 00	4 50	0 25
0 25	17 500	13 750	2 50	3 12	3 75	4 37	5 00	5 62	0 31
0 30	21 000	16 500	3 00	3 75	4 50	5 25	6 00	6 75	0 37
0 35	24 500	19 250	3 50	4 37	5 25	6 12	7 00	7 87	0 40
0 40	28 000	22 000	4 00	5 00	6 00	7 00	8 00	9 00	0 50
0 45	31 500	24 750	4 50	5 62	6 75	7 87	9 00	10 12	0 56
0 50	35 000	27 500	5 00	6 25	7 50	8 75	10 00	11 25	0 62
0 55	38 500	30 250	5 50	6 87	8 25	9 62	11 00	12 37	0 68
0 60	42 000	33 000	6 00	6 90	9 00	10 50	12 00	13 50	0 75
0 65	45 500	37 750	6 50	8 12	9 75	11 37	13 00	14 62	0 81
0 70	49 000	38 500	7 00	8 75	10 50	12 25	14 00	15 75	0 87
0 75	52 500	41 250	7 50	9 37	11 25	13 12	15 00	16 87	0 93
0 80	56 000	44 000	8 00	10 00	12 00	14 00	16 00	18 00	1 00
0 85	59 500	46 750	8 50	10 62	12 75	14 87	17 00	19 12	1 06
0 90	63 000	49 500	9 00	11 25	13 50	15 75	18 00	20 25	1 12
0 95	66 500	52 250	9 50	11 87	14 25	16 62	19 00	21 37	1 18
1 00	70 000	55 000	10 00	12 50	15 00	17 50	20 00	22 50	1 25

POIS

Prix des Pois au kilog. évalué en litres, hectolitres et en farine.

14 kilos valent 20 litres (1 double-décalitre) et rendent 11 kilos de farine.

POIDS	LITRES. | CENTILITRES.	FARINE	PRIX DU DOUBLE-DÉCALITRE. 2 ou 14 28 les 100 kil.	2 50 ou 17 85 les 100 kil.	3 ou 21 43 les 100 kil.	3 50 ou 25 les 100 kil.	4 ou 28 50 les 100 kil.	4 50 ou 32 14 les 100 kil.	PRIX complém. 0,25
kil. gr.		kil. gr.	fr. c.	fr. c.	fr. c.	fr. c.	fr. c.	fr. c.	fr. c.
1 00	1 42	0 785	0 14	0 17	0 21	0 25	0 28	0 32	0 01
2 00	2 85	1 570	0 28	0 35	0 42	0 50	0 57	0 64	0 02
3 00	4 28	2 355	0 42	0 53	0 64	0 75	0 85	0 96	0 05
4 00	5 71	3 140	0 56	0 71	0 85	1 00	1 14	1 28	0 06
5 00	7 14	3 925	0 71	0 89	1 07	1 25	1 42	1 60	0 08
10 00	14 28	7 850	1 42	1 78	2 14	2 50	2 85	3 21	0 17
15 00	21 42	11 775	2 13	2 67	3 21	3 75	4 27	4 80	0 25
20 00	28 56	15 700	2 84	3 86	4 28	5 00	5 70	6 40	0 35
25 00	35 71	19 640	3 57	4 46	5 35	6 25	7 14	8 03	0 43
30 00	42 84	23 550	4 26	5 04	6 42	7 50	8 55	9 60	0 54
35 00	49 98	27 475	4 97	6 23	7 49	8 75	9 97	11 20	0 62
40 00	57 12	31 400	5 68	7 12	8 56	10 00	11 40	12 84	0 71
45 00	64 26	35 325	6 39	8 01	9 63	11 25	12 82	14 44	0 79
50 00	71 42	39 280	7 14	8 92	10 71	12 50	14 28	16 07	0 89
55 00	78 54	43 175	7 81	9 79	11 77	13 75	15 67	17 65	0 97
60 00	85 68	47 100	8 52	10 64	12 84	15 00	17 10	19 26	1 06
65 00	92 82	51 025	9 23	11 57	13 91	16 25	18 52	20 86	1 14
70 00	99 96	54 950	9 94	12 46	14 98	17 50	19 95	22 47	1 24
75 00	107 10	58 875	10 65	13 35	16 05	18 75	21 37	24 07	1 32
80 00	114 24	62 800	11 36	14 24	17 02	20 00	22 80	25 68	1 42
85 00	121 38	66 725	12 07	15 13	18 19	21 25	24 22	27 28	1 50
90 00	128 52	70 650	12 78	16 02	19 26	22 50	25 65	28 89	1 60
95 00	135 66	74 575	13 49	16 91	20 33	23 75	27 07	30 49	1 68
100 00	142 85	78 570	14 28	17 85	21 43	25 00	28 50	32 14	1 78

POIS

Prix des Pois au double-décalitre évalué en kilos et en farine.

1 *double-décalitre pèse* 14 *kilos et en rend* 11 *de farine.*

DOUBLES-DÉCAL.	POIDS	FARINE	PRIX DU DOUBLE-DÉCALITRE. 2 ou 14 28 les 100 kil.	2 50 ou 17 85 les 100 kil.	3 ou 21 43 les 100 kil.	3 50 ou 25 les 100 kil.	4 ou 28 56 les 100 kil.	4 50 ou 32 14 les 100 kil.	PRIX compléme 0.25
	kil. gr.	kil. gr.	fr. c.	fr. c.	fr. c.	fr. c.	fr. c.	fr. c.	fr. c.
1 00	14 00	11 00	2 00	2 50	3 00	3 50	4 00	4 50	0 25
2 00	28 00	22 00	4 00	5 00	6 00	7 00	8 00	9 00	0 50
3 00	42 00	33 00	6 00	7 50	9 00	10 50	12 00	13 50	0 75
4 00	56 00	44 00	8 00	10 00	12 00	14 00	16 00	18 00	1 00
5 00	70 00	55 00	10 00	12 50	15 00	17 50	20 00	22 50	1 25
10 00	140 00	110 00	20 00	25 00	30 00	30 00	40 00	45 00	2 50
15 00	210 00	165 00	30 00	37 50	45 00	52 50	60 00	67 50	3 75
20 00	280 00	220 00	40 00	50 00	60 00	70 00	80 00	90 00	5 00
25 00	350 00	275 00	50 00	62 50	75 00	82 50	100 00	112 50	6 25
30 00	420 00	330 00	60 00	75 00	90 00	105 00	120 00	135 00	7 50
35 00	490 00	385 00	70 00	87 50	105 00	122 50	140 00	157 50	8 75
40 00	560 00	440 00	80 00	100 00	120 00	140 00	160 00	180 00	10 00
45 00	630 00	495 00	90 00	112 50	135 00	157 50	180 00	202 50	11 25
50 00	700 00	550 00	100 00	125 00	150 00	175 00	200 00	225 00	12 50
55 00	770 00	605 00	110 00	137 50	165 00	192 50	220 00	247 50	13 75
60 00	840 00	660 00	120 00	150 00	180 00	210 00	240 00	270 00	15 00
65 00	910 00	715 00	130 00	162 50	195 00	227 50	260 00	292 50	16 25
70 00	980 00	770 00	140 00	175 00	210 00	245 00	280 00	315 00	17 50
75 00	1050 00	825 00	150 00	187 50	225 00	262 50	300 00	337 50	18 75
80 00	1120 00	880 00	160 00	200 00	240 00	280 00	320 00	360 00	20 00
85 00	1190 00	935 00	170 00	212 50	255 00	297 50	340 00	382 50	21 25
90 00	1260 00	990 00	180 00	225 00	270 00	315 00	360 00	405 00	22 50
95 00	1330 00	1015 00	190 00	237 50	285 00	332 50	380 00	427 50	23 75
100 00	1400 00	1100 00	200 00	250 00	300 00	350 00	400 00	450 00	25 00

POIS

Prix des Pois au kilog. évalué en doubles-décalitres et en farine.

14 kilos valent 1 double-décalitre et pèsent 11 kilos de farine.

POIDS	DOUBLES-DÉCAL. | DOUBLES-DÉCIL.	FARINE	PRIX DU DOUBLE-DÉCALITRE. 2 ou 14 28 les 100 kil.	2 50 ou 17 85 les 100 kil.	3 ou 21 43 les 100 kil.	3 50 ou 25 les 100 kil.	4 ou 32 14 les 100 kil.	4 50 ou 32 14 les 100 kil.	PRIX compléms 0.25
kil. gr.		kil. gr.	fr. c.	fr. c.	fr. c.	fr. c.	fr. c.	fr. c.	fr. c.
1 00	0 07	0 785	0 14	0 17	0 21	0 25	0 28	0 32	0 01
2 00	0 14	1 570	0 28	0 35	0 42	0 50	0 57	0 64	0 02
3 00	0 21	2 355	0 42	0 53	0 64	0 75	0 85	0 96	0 05
4 00	0 28	3 140	0 56	0 71	0 85	1 00	1 14	1 28	0 06
5 00	0 35	3 925	0 71	0 89	1 07	1 25	1 42	1 60	0 08
10 00	0 71	7 850	1 42	1 78	2 14	2 50	2 85	3 21	0 17
15 00	1 07	11 770	2 13	2 67	3 21	3 75	4 27	4 80	0 25
20 00	1 42	15 700	2 84	3 56	4 28	5 00	5 70	6 40	0 35
25 00	1 78	19 640	3 57	4 46	5 35	6 25	7 14	8 03	0 43
30 00	2 14	23 550	4 26	5 34	6 42	7 50	8 55	9 60	0 54
35 00	2 49	27 475	4 97	6 23	7 42	8 75	9 97	11 00	0 62
40 00	2 85	31 400	5 68	7 12	8 56	10 00	11 40	12 80	0 71
45 00	3 21	35 325	6 39	8 01	9 63	11 25	12 82	14 40	0 79
50 00	3 57	39 280	7 14	8 92	10 71	12 50	14 28	16 60	0 89
55 00	3 92	43 175	7 81	9 79	11 77	13 75	15 67	17 65	0 97
60 00	4 28	47 100	8 52	10 68	12 84	15 00	17 10	19 20	1 06
65 00	4 64	51 025	9 23	11 57	13 91	16 25	18 52	20 80	1 14
70 00	4 99	54 950	9 91	12 46	14 98	17 50	19 95	22 40	1 24
75 00	5 35	58 875	10 65	13 35	16 05	18 75	21 37	24 00	1 32
80 00	5 71	62 800	11 36	14 24	17 12	20 00	22 80	25 60	1 42
85 00	6 07	66 725	12 27	15 13	18 19	21 25	24 22	27 20	1 50
90 00	6 42	70 650	12 78	16 02	19 26	22 50	25 65	28 80	1 60
95 00	6 78	74 575	13 69	16 91	20 33	23 75	27 07	30 41	1 68
100 00	7 14	78 510	14 28	17 85	21 43	25 00	28 56	32 14	1 78

FARINE DE POIS

Prix de la Farine au kilog. évalué en litres et en doubles-décalitres.

11 kilos de farine proviennent de 20 litres ou 1 double-décalitre.

FARINE	LITRES. — CENTILITRES.	DOUBLES-DÉCAL. — DOUBLES-DÉCIL.	PRIX DU DOUBLE-DÉCALITRE.						PRIX complémre 0.25
			2 ou 14 28 les 100 kil.	2 50 ou 17 85 les 100 kil.	3 ou 21 43 les 100 kil.	3 50 ou 25 les 100 kil.	4 ou 28 56 les 100 kil.	4 50 ou 32 11 les 100 kil.	
kil. gr.			fr. c.	fr. c.	fr. c.	fr. c.	fr. c.	fr. c.	fr. c.
1 00	1 81	0 09	0 18	0 22	0 27	0 31	0 36	0 40	0 02
2 00	3 63	0 18	0 36	0 45	0 54	0 63	0 72	0 81	0 04
3 00	5 45	0 27	0 54	0 68	0 81	0 95	1 08	1 22	0 06
4 00	7 27	0 36	0 72	0 90	1 08	1 27	1 45	1 63	0 08
5 00	9 09	0 45	0 90	1 13	1 35	1 59	1 81	2 04	0 10
10 00	18 18	0 90	1 81	2 27	2 72	3 18	3 63	4 04	0 20
15 00	27 27	1 35	2 70	3 40	4 08	4 77	5 44	6 13	0 31
20 00	36 20	1 80	3 62	4 54	5 44	6 36	7 26	8 18	0 41
25 00	45 45	2 27	4 04	5 68	6 82	7 95	9 09	10 22	0 52
30 00	54 54	2 70	5 40	6 81	8 16	9 54	10 89	12 27	0 62
35 00	63 63	3 15	6 30	7 94	9 52	11 13	12 70	14 31	0 72
40 00	72 40	3 60	7 24	9 08	10 88	12 72	14 52	16 36	0 82
45 00	81 81	4 05	8 10	10 21	12 24	14 31	16 33	18 40	0 92
50 00	90 90	4 50	9 09	11 36	13 64	15 91	18 18	20 45	1 03
55 00	99 99	4 95	9 90	12 48	14 96	17 49	19 96	22 49	1 13
60 00	109 08	5 40	10 80	13 62	16 32	19 08	21 78	24 54	1 23
65 00	118 17	5 85	11 70	14 75	17 68	20 67	23 59	26 58	1 33
70 00	127 26	6 30	12 60	15 89	19 04	22 26	25 41	28 63	1 42
75 00	136 35	6 75	13 50	17 02	20 40	23 85	27 22	30 67	1 54
80 00	145 80	7 30	14 43	18 16	21 76	25 44	29 04	32 72	1 64
85 00	154 53	7 65	15 38	19 29	23 12	27 03	30 85	34 76	1 72
90 00	163 62	8 10	16 29	20 20	24 48	28 62	32 67	36 81	1 85
95 00	172 71	8 55	17 19	21 56	25 84	30 21	34 48	38 85	2 10
100 00	181 81	9 09	18 18	22 72	27 27	31 81	36 36	40 90	2 27

SARRASIN

ÉVALUATION DE LA RÉCOLTE

CONTENᶜᵉ	PRODUIT DE L'HECTARE EN DOUBLES-DÉCALITRES.								PRODUIT complémʳᵉ
	MINIMUM.		MOYEN.				MAXIMUM.		
	48	60	72	84	96	108	120	132	4
hect. ares.									
0 01	0 48	0 60	0 72	0 84	0 96	1 08	1 20	1 32	0 04
0 02	0 96	1 20	1 44	1 68	1 92	2 16	2 40	2 64	0 08
0 03	1 44	1 80	2 16	2 52	2 88	3 24	3 60	3 96	0 12
0 04	1 92	2 40	2 88	3 36	3 84	4 32	4 80	5 28	0 16
0 05	2 40	3 00	3 60	4 20	4 80	5 40	6 00	6 60	0 20
0 10	4 80	6 00	7 20	8 40	9 60	10 80	12 00	13 20	0 40
0 15	7 20	9 00	10 80	12 60	14 40	16 20	18 00	19 80	0 60
0 20	9 60	12 00	14 40	16 80	19 20	21 60	24 00	26 40	0 80
0 25	12 00	15 00	18 00	21 00	24 00	27 00	30 00	33 00	1 00
0 30	14 40	18 00	21 60	25 20	28 80	32 40	36 00	39 60	1 20
0 35	16 80	21 00	25 20	29 40	33 60	37 80	42 00	46 20	1 40
0 40	19 20	24 00	28 80	33 60	38 40	43 20	48 00	52 80	1 60
0 45	21 60	27 00	32 40	37 80	43 20	48 60	54 00	59 40	1 80
0 50	24 00	30 00	36 00	42 00	48 00	54 00	60 00	66 00	2 00
0 55	26 40	33 00	39 60	46 20	52 80	59 40	66 00	72 60	2 20
0 60	28 80	36 00	43 20	50 40	57 60	64 80	72 00	79 20	2 40
0 65	31 20	39 00	46 80	54 60	62 40	70 20	78 00	85 80	2 60
0 70	33 60	42 00	50 40	58 80	67 20	75 60	84 00	92 40	2 80
0 75	36 00	45 00	54 00	63 00	72 00	81 00	90 00	99 00	3 00
0 80	38 40	48 00	57 60	67 20	76 80	86 40	96 00	105 60	3 20
0 85	40 80	51 00	61 20	71 40	81 60	91 80	102 00	112 20	3 40
0 90	43 20	54 00	64 80	75 60	86 40	97 20	108 00	118 80	3 60
0 95	45 60	57 00	68 40	79 80	91 20	102 60	114 00	125 40	3 80
1 00	48 00	60 00	72 00	84 00	96 00	108 00	120 00	132 00	4 00

SARRASIN

Prix du Sarrasin au litre et à l'hectolitre évalués en kilog. et en farine.

20 litres (1 double-décal.) pèsent 9 kilos et en rendent 6 de farine.

HECTOLITRES. | LITRES.	POIDS	FARINE	PRIX DU DOUBLE-DÉCALITRE. 0 75 ou 8 33 les 100 kil.	1 25 ou 13 88 les 100 kil.	1 75 ou 19 46 les 100 kil.	2 25 ou 25 les 100 kil.	2 75 ou 30 55 les 100 kil.	3 25 ou 36 11 les 100 kil.	PRIX compléme 0.25
	kil. gr.	kil. gr.	fr. c.	fr. c.	fr. c.	fr. c.	fr. c.	fr. c.	fr. c.
0 01	0 450	0 300	0 03	0 06	0 08	0 11	0 13	0 16	0 01
0 02	0 900	0 600	0 07	0 12	0 17	0 22	0 27	0 32	0 02
0 03	1 350	0 900	0 11	0 18	0 26	0 33	0 41	0 48	0 03
0 04	1 800	1 200	0 14	0 24	0 34	0 44	0 54	0 64	0 04
0 05	2 250	1 500	0 18	0 31	0 43	0 56	0 68	0 81	0 06
0 10	4 500	3 000	0 37	0 62	0 87	1 12	1 37	1 62	0 12
0 15	6 750	4 500	0 55	0 93	1 30	1 68	2 05	2 43	0 18
0 20	9 000	6 000	0 75	1 25	1 75	2 25	2 75	3 25	0 25
0 25	11 250	7 500	0 91	1 56	2 18	2 81	3 43	4 06	0 31
0 30	13 500	9 000	1 11	1 80	2 61	3 36	4 11	4 86	0 37
0 35	15 750	10 500	1 29	2 17	3 04	3 92	4 79	5 67	0 40
0 40	18 000	12 000	1 50	2 50	3 50	4 50	5 50	6 50	0 50
0 45	20 250	13 500	1 66	2 79	3 91	4 54	6 16	7 29	0 56
0 50	22 500	15 000	1 82	3 12	4 37	5 62	6 87	8 12	0 62
0 55	24 750	16 500	2 03	3 41	4 78	6 16	7 53	8 91	0 68
0 60	27 000	18 000	2 22	3 71	5 22	6 72	8 22	9 72	0 75
0 65	29 250	19 500	2 40	4 03	5 65	7 28	8 90	10 53	0 81
0 70	31 500	21 000	2 59	4 34	6 09	7 84	9 59	11 34	0 87
0 75	33 750	22 500	2 77	4 65	6 52	8 40	10 27	12 65	0 93
0 80	36 000	24 000	3 00	5 00	7 00	9 00	11 00	13 00	1 00
0 85	38 250	25 500	3 14	5 27	7 39	9 52	11 64	13 77	1 06
0 90	40 500	27 000	3 33	5 58	7 83	9 08	12 33	14 58	1 12
0 95	42 750	28 500	3 51	5 89	8 26	10 64	13 01	15 39	1 18
1 00	45 000	30 000	3 75	6 25	8 75	11 25	13 75	16 25	1 25

SARRASIN

Prix du Sarrasin au kilog. évalué en litres, hectolitres et en farine.

9 *kilos valent* 20 *litres* (1 *double-décalitre*) *et rendent* 6 *kilos de farine.*

POIDS	LITRES. | CENTILITRES.	FARINE	PRIX DU DOUBLE-DÉCALITRE. 0 75 ou 8 33 les 100 kil.	1 25 ou 13 88 les 100 kil.	1 75 ou 19 46 les 100 kil.	2 25 ou 25 les 100 kil.	2 75 ou 30 55 les 100 kil.	3 25 ou 36 11 les 100 kil.	PRIX compléme 0.25
kil. gr.		kil. gr.	fr. c.	fr. c.	fr. c.	fr. c.	fr. c.	fr. c.	fr. c.
1 00	2 22	0 666	0 08	0 13	0 19	0 25	0 30	0 36	0 02
2 00	4 44	1 332	0 16	0 27	0 38	0 50	0 71	0 72	0 04
3 00	6 66	1 998	0 24	0 41	0 58	0 75	0 91	1 08	0 06
4 00	8 88	2 666	0 33	0 55	0 77	1 00	1 42	1 44	0 08
5 00	11 11	3 333	0 41	0 69	0 97	1 25	2 53	1 80	0 13
10 00	22 22	6 666	0 83	1 38	1 94	2 50	3 05	3 61	0 27
15 00	33 30	9 999	1 24	2 07	2 91	3 75	4 57	5 41	0 40
20 00	44 44	13 333	1 66	2 76	3 88	5 00	6 10	7 22	0 54
25 00	55 55	16 666	2 08	3 47	4 86	6 25	7 63	9 02	0 69
30 00	66 66	19 980	2 49	4 14	5 82	7 50	9 15	10 83	0 81
35 00	77 70	23 310	2 90	4 83	6 79	8 75	10 67	12 63	0 94
40 00	88 88	26 666	3 32	5 52	7 76	10 00	12 20	14 44	1 08
45 00	99 90	29 970	3 73	6 21	8 73	11 25	13 72	16 24	1 11
50 00	111 11	33 333	4 16	6 94	9 72	12 50	15 27	18 05	1 38
55 00	122 10	36 650	4 56	7 59	10 67	13 75	16 77	19 85	1 51
60 00	133 20	39 960	4 98	8 28	11 64	15 00	18 30	21 66	1 62
65 00	144 30	43 290	5 39	8 97	12 61	16 25	19 82	23 46	1 75
70 00	155.40	46 620	5 81	9 66	13 58	17 50	21 35	25 27	1 89
75 00	166.50	49 950	6 22	10 35	14 55	18 75	22 87	27 07	2 07
80 00	177 76	53 320	6 64	11 04	15 52	20 00	24 40	28 88	2 20
85 00	188 70	56 610	7 05	11 73	16 49	21 25	25 92	30 68	2 33
90 00	199.80	59 940	7 47	12 42	17 46	22 50	27 45	32 49	2 43
95 00	210 90	63 270	7 88	13 11	17 53	23 75	28 97	34 29	2 56
100 00	222.22	66 666	8 33	13 88	19 44	25 00	30 55	36 11	2 77

SARRASIN

Prix du Sarrasin au double-décalitre évalué en kilog. et en farine.

1 *double-décalitre pèse* 9 *kilos et en rend* 6 *de farine.*

DOUBLES-DÉCAL.	POIDS	FARINE	PRIX DU DOUBLE-DÉCALITRE. 0 75 ou 8 33 les 100 kil.	1 25 ou 13 88 les 100 kil.	1 75 ou 19 46 les 100 kil.	2 25 ou 25 les 100 kil.	2 75 ou 30 55 les 100 kil.	3 25 ou 36 11 les 100 kil.	PRIX compléms 0.25
	kil. gr.	kil. gr.	fr. c.	fr. c.	fr. c.	fr. c.	fr. c.	fr. c.	fr. c.
1 00	9 00	6 00	0 75	1 25	1 75	2 25	2 75	3 25	0 25
2 00	18 00	12 00	1 40	2 50	3 50	4 50	5 50	6 50	0 50
3 00	27 00	18 00	2 25	3 75	5 25	6 75	8 25	9 75	0 75
4 00	36 00	24 00	2 80	5 00	7 00	9 00	11 00	13 00	1 00
5 00	45 00	30 00	3 75	6 25	8 75	11 25	13 75	16 25	1 25
10 00	90 00	60 00	7 50	12 50	17 50	22 50	27 50	32 50	2 50
15 00	135 00	90 00	11 25	18 75	26 25	32 75	41 25	48 75	3 75
20 00	180 00	120 00	15 00	25 00	35 00	45 00	55 00	65 00	5 00
25 00	225 00	150 00	18 75	31 25	41 25	56 25	68 75	81 25	6 25
30 00	270 00	180 00	22 50	37 50	52 50	67 50	82 50	97 50	7 50
35 00	315 00	210 00	26 25	41 75	61 25	78 75	96 25	113 75	8 75
40 00	360 00	240 00	30 00	50 00	70 00	90 00	110 00	130 00	10 00
45 00	405 00	270 00	33 75	56 25	78 75	101 25	123 75	146 25	11 25
50 00	450 00	300 00	37 50	62 50	82 50	112 50	137 50	162 50	12 50
55 00	495 00	330 00	41 25	68 75	96 25	123 75	151 25	178 75	13 75
60 60	540 00	360 00	45 00	75 00	105 00	135 00	165 00	195 00	15 00
65 00	585 00	390 00	48 75	81 25	113 75	146 25	178 75	211 25	16 25
70 00	630 00	420 00	52 50	87 50	122 50	157 50	192 50	227 50	17 50
75 00	675 00	450 00	56 25	93 75	131 25	168 75	206 25	243 75	18 25
80 00	720 00	480 00	60 00	100 00	140 00	180 00	220 00	260 00	20 00
85 00	765 00	510 00	63 75	106 25	148 75	191 25	233 75	276 25	21 25
90 00	810 00	540 00	67 50	112 50	157 50	202 50	247 50	292 50	22 50
95 00	855 00	570 00	71 25	118 75	166 22	213 75	261 25	308 75	23 75
100 00	900 00	600 00	75 00	125 00	175 00	225 00	275 00	325 00	25 00

SARRASIN

Prix du Sarrasin au kilog. évalué en doubles-décalitres et en farine.

9 *kilos valent* 1 *double-décalitre et pèsent* 6 *kilos de farine.*

POIDS	DOUBLES-DÉCAL. / DOUBLES-DÉCIL.	FARINE	PRIX DU DOUBLE-DÉCALITRE.						PRIX compléme
			0 75 ou 8 33 les 100 kil.	1 25 ou 13 88 les 100 kil.	1 75 ou 19 46 les 100 kil.	2 25 ou 25 les 100 kil.	2 75 ou 30 55 les 100 kil.	3 25 ou 36 11 les 100 kil.	0.25
kil. gr.		kil. gr.	fr. c.	fr. c.	fr. c.	fr. c.	fr. c.	fr. c.	fr. c.
1 00	0 16	0 666	0 08	0 13	0 19	0 25	0 30	0 36	0 02
2 00	0 22	1 333	0 16	0 27	0 38	0 50	0 71	0 72	0 04
3 00	0 33	1 398	0 24	0 41	0 58	0 75	0 91	1 08	0 06
4 00	0 44	2 666	0 33	0 55	0 77	1 00	1 42	1 44	0 08
5 00	0 55	3 333	0 41	0 69	0 97	1 25	1 52	1 80	0 13
10 00	1 11	6 666	0 83	1 38	1 94	2 50	3 05	3 61	0 27
15 00	1 66	9 999	1 24	2 07	2 91	3 75	4 57	5 41	0 40
20 00	2 22	13 333	1 66	3 16	3 98	5 00	6 10	7 22	0 54
25 00	2 77	16 666	2 08	3 47	4 86	6 25	7 63	9 02	0 69
30 00	3 33	19 980	2 49	4 14	5 82	7 50	9 15	10 83	0 81
35 00	3 88	23 310	2 90	4 83	6 79	8 75	10 67	12 63	0 94
40 00	4 44	26 666	3 32	5 52	7 76	10 00	12 20	14 44	1 08
45 00	4 99	29 970	3 73	6 21	8 73	11 25	13 72	16 24	1 11
50 00	5 55	33 333	4 16	6 94	9 73	12 50	15 27	18 05	1 38
55 00	6 10	36 630	4 56	7 59	10 67	13 75	16 71	19 85	1 51
60 00	6 66	39 960	4 98	8 28	11 64	15 00	18 30	21 66	1 62
65 00	7 21	43 290	5 39	8 97	12 61	16 25	19 82	23 46	1 75
70 00	7 77	46 620	5 81	9 66	13 58	17 50	21 35	25 27	1 89
75 00	8 32	49 950	6 22	10 35	14 55	18 75	22 87	27 07	2 07
80 00	8 88	53 320	6 64	11 04	15 52	20 00	24 40	28 88	2 20
85 00	9 43	56 610	7 05	11 73	16 49	21 25	25 92	30 68	2 33
90 00	9 99	59 940	7 47	12 42	17 46	22 50	27 45	32 49	2 43
95 00	10 54	63 270	7 88	13 11	18 40	23 75	28 97	34 29	2 56
100 00	11 11	66 666	8 33	13 88	19 46	25 00	30 55	36 11	2 71

FARINE DE SARRASIN

Prix de la Farine de Sarrasin au kilog. évalué en litres et en doubles-décal.

6 kilos de farine proviennent de 20 litres (1 double-décal.) de sarrasin.

FARINE	LITRES | CENTILITRES.	DOUBLES-DÉCAL. | DOUBLES-DÉCIL.	PRIX DU DOUBLE-DÉCALITRE. 0 75 ou 8 33 les 100 kil.	1 25 ou 13 88 les 100 kil.	1 75 ou 19 46 les 100 kil.	2 25 ou 25 les 100 kil.	2 75 ou 30 55 les 100 kil.	3 25 ou 36 11 les 100 kil.	PRIX compléml.re 0.25
kil. gr.			fr. c.	fr. c.	fr. c.	fr. c.	fr. c.	fr. c.	fr. c.
1 00	3 33	0 16	0 12	0 20	0 29	0 37	0 45	0 54	0 04
2 00	6 66	0 32	0 24	0 40	0 58	0 74	0 90	1 08	0 08
3 00	9 99	0 48	0 36	0 60	0 87	1 11	1 35	1 62	0 12
4 00	13 32	0 64	0 48	0 80	1 16	1 48	1 80	2 16	0 16
5 00	16 66	0 83	0 62	1 04	1 45	1 87	2 29	2 70	0 20
10 00	33 33	1 66	1 25	2 08	2 91	3 75	4 58	5 41	0 41
15 00	49 95	2 40	1 80	3 00	4 35	5 55	6 75	8 10	0 60
20 00	66 66	3 32	2 50	4 16	5 83	7 50	9 16	10 82	0 83
25 00	83 33	4 16	3 12	5 20	7 29	9 37	11 45	13 54	1 04
30 00	99 90	4 80	3 60	6 00	8 70	11 10	13 50	16 20	1 20
35 00	116 55	5 60	4 20	7 00	10 15	12 95	15 75	18 90	1 40
40 00	133 32	6 64	5 00	8 32	11 64	15 00	18 32	21 64	1 60
45 00	149 85	7 20	5 40	9 00	13 05	16 65	20 25	24 30	1 80
50 00	166 66	8 33	6 25	10 41	14 58	18 75	22 91	27 08	2 08
55 00	183 32	9 16	6 87	11 45	16 03	20 62	25 20	29 78	2 28
60 00	199 80	9 60	7 20	12 00	17 40	22 20	27 00	32 40	2 40
65 00	216 46	10 43	7 82	13 04	18 85	24 07	29 29	35 10	2 60
70 00	233 10	11 30	8 40	14 00	20 30	25 90	31 50	37 80	2 80
75 00	249 76	12 63	9 02	15 04	21 75	27 77	33 79	40 50	3 00
80 00	266 64	13 28	10 00	16 64	23 28	30 00	36 64	43 28	3 32
85 00	283 30	14 11	10 62	17 68	24 73	31 87	38 93	45 98	3 50
90 00	299 70	14 40	10 80	18 00	26 10	33 30	40 50	48 60	3 60
95 00	316 36	15 23	11 42	19 04	27 55	35 17	42 79	51 30	3 80
100 00	333 33	16 66	12 50	20 83	29 16	37 50	45 80	54 16	4 16

HARICOTS

ÉVALUATION DE LA RÉCOLTE

CONTENᶜᵉ	PRODUIT DE L'HECTARE EN DOUBLES-DÉCALITRES.								PRODUIT complémʳᵉ
	MINIMUM.		MOYEN.				MAXIMUM.		
	24	36	48	60	72	84	96	108	4
hect. ares.									
0 01	0 24	0 36	0 48	0 60	0 72	0 84	0 96	1 08	0 04
0 02	0 48	0 72	0 96	1 20	1 44	1 68	1 92	2 16	0 08
0 03	0 72	1 08	1 44	1 80	2 16	2 52	2 88	3 24	0 12
0 04	0 96	1 44	1 92	2 40	2 88	3 36	3 84	4 32	0 16
0 05	1 20	1 80	2 40	3 00	3 60	4 20	4 80	5 40	0 20
0 10	2 40	3 60	4 80	6 00	7 20	8 40	9 60	10 80	0 40
0 15	3 60	5 40	7 20	9 00	10 80	12 60	14 40	16 20	0 60
0 20	4 80	7 20	9 60	12 00	14 40	16 80	19 20	21 60	0 80
0 25	6 00	9 00	12 00	15 00	18 00	21 00	24 00	27 00	1 00
0 30	7 20	10 80	14 40	18 00	21 60	25 20	28 80	32 40	1 20
0 35	8 40	12 60	16 80	21 00	25 20	29 40	33 60	37 80	1 40
0 40	9 60	14 40	19 20	24 00	28 80	33 60	38 40	43 20	1 60
0 45	10 80	16 20	21 60	27 00	32 40	37 80	43 20	48 60	1 80
0 50	12 00	18 00	24 00	30 00	36 00	42 00	48 00	54 00	2 00
0 55	13 20	19 80	26 40	33 00	39 60	46 20	52 80	59 40	2 20
0 60	14 40	21 60	28 80	36 00	43 20	50 40	57 60	64 80	2 40
0 65	15 60	23 40	31 20	39 00	46 80	54 60	62 40	70 20	2 60
0 70	16 80	25 20	33 60	42 00	50 40	58 80	67 20	75 60	2 80
0 75	18 00	27 00	36 00	45 00	54 00	63 00	72 00	81 00	3 00
0 80	19 20	28 80	38 40	48 00	57 60	67 20	76 80	86 40	3 20
0 85	20 40	30 60	40 80	51 00	61 20	71 40	81 60	91 80	3 40
0 90	21 60	32 40	43 20	54 00	64 80	75 60	86 40	97 20	3 60
0 95	22 80	34 20	45 60	57 00	68 40	79 80	91 20	102 60	3 80
1 00	24 00	36 00	48 00	60 00	72 00	84 00	96 00	108 00	4 00

HARICOTS

Prix des Haricots au litre et à l'hectolitre évalués en kilos.

20 *litres (1 double-décalitre) pèsent* 17 *kilos.*

LITRES. | CENTILITRES.	POIDS	PRIX DU DOUBLE-DÉCALITRE. 3 ou 17 64 les 100 kil.	3 50 ou 20 58 les 100 kil.	4 ou 23 53 les 100 kil.	4 50 ou 26 47 les 100 kil.	5 ou 29 41 les 100 kil.	5 50 ou 32 35 les 100 kil.	6 ou 35 29 les 100 kil.	PRIX complémre 0.25
	kil. gr.	fr. c.	fr. c.	fr. c.	fr. c.	fr. c.	fr. c.	fr. c.	fr. c.
1 00	0 850	0 15	0 17	0 20	0 22	0 25	0 27	0 30	0 01
2 00	1 700	0 30	0 35	0 40	0 45	0 50	0 55	0 60	0 02
3 00	2 550	0 45	0 52	0 60	0 67	0 75	0 82	0 90	0 03
4 00	3 400	0 60	0 70	0 80	0 90	1 00	1 10	1 20	0 04
5 00	4 250	0 75	0 85	1 00	1 12	1 25	1 37	1 50	0 06
10 00	8 500	1 50	1 75	2 00	2 25	2 50	2 75	3 00	0 12
15 00	12 750	2 25	2 62	3 00	3 37	3 75	4 12	4 50	0 18
20 00	17 000	3 00	3 50	4 00	4 50	5 00	5 50	6 00	0 25
25 00	21 250	3 75	4 37	5 00	5 62	6 25	6 87	7 50	0 31
30 00	25 500	4 50	5 25	6 00	6 75	7 50	8 25	9 00	0 37
35 00	29 750	5 25	6 12	7 00	7 87	8 75	9 62	10 50	0 40
40 00	34 000	6 00	7 00	8 00	9 00	10 00	11 00	12 00	0 50
45 00	38 250	6 75	7 87	9 00	10 12	11 25	12 37	13 50	0 56
50 00	42 500	7 50	8 75	10 00	11 25	12 50	13 75	15 00	0 62
55 00	46 750	8 25	9 62	11 00	12 37	13 75	15 12	16 50	0 68
60 00	51 000	9 00	10 50	12 00	13 50	15 00	16 50	18 00	0 75
65 00	55 250	9 75	10 37	13 00	14 62	16 25	17 87	19 50	0 81
70 00	59 500	10 50	12 25	14 00	15 75	17 50	19 25	21 00	0 87
75 00	63 750	11 25	13 12	15 00	16 87	18 75	20 62	22 50	0 93
80 00	68 000	12 00	14 00	16 00	18 00	20 00	22 00	24 00	1 00
85 00	72 250	12 75	14 87	17 00	19 12	21 25	23 37	25 50	1 06
90 00	76 500	13 50	15 75	18 00	20 25	22 50	24 75	27 00	1 12
95 00	80 750	14 25	16 62	19 00	21 37	23 75	26 12	28 50	1 18
100 00	85 000	15 00	17 50	20 00	22 50	25 00	27 50	30 00	1 25

HARICOTS

Prix des Haricots au kilog. évalué en litres et hectolitres.

17 *kilos valent* 20 *litres* (1 *double-décalitre*).

POIDS	LITRES.	CENTILITRES.	PRIX DU DOUBLE-DÉCALITRE. 3 ou 17 64 les 100 kil.	3 50 ou 20 58 les 100 kil.	4 ou 23 53 les 100 kil.	4 50 ou 26 47 les 100 kil.	5 ou 29 41 les 100 kil.	5 50 ou 32 35 les 100 kil.	6 ou 35 29 les 100 kil.	PRIX complém. 0.25
kil. gr.			fr. c.	fr. c.	fr. c.	fr. c.	fr. c.	fr. c.	fr. c.	fr. c.
1 00	1	17	0 17	0 20	0 23	0 26	0 29	0 32	0 35	0 01
2 00	2	35	0 35	0 41	0 47	0 52	0 58	0 64	0 70	0 03
3 00	3	52	0 52	0 61	0 70	0 79	0 88	0 96	1 05	0 04
4 00	4	70	0 70	0 82	0 94	1 05	1 17	1 29	1 40	0 05
5 00	5	88	0 88	1 02	1 17	1 32	1 47	1 61	1 76	0 07
10 00	11	76	1 76	2 05	2 35	2 64	2 94	3 23	3 52	0 14
15 00	17	64	2 64	3 75	3 52	3 96	4 41	4 84	5 28	0 15
20 00	23	52	3 52	4 10	4 70	5 28	5 88	6 46	7 04	0 28
25 00	29	41	4 41	5 14	5 88	6 61	7 35	8 08	8 82	0 36
30 00	35	28	5 28	6 15	7 05	7 92	8 82	9 69	10 56	0 42
35 00	41	16	6 16	7 17	8 22	9 24	10 29	11 30	12 32	0 49
40 00	47	04	7 04	8 20	9 40	10 56	11 76	12 92	14 08	0 56
45 00	52	92	7 92	9 22	10 57	11 88	13 23	14 53	15 34	0 63
50 00	58	82	8 82	10 29	11 76	13 23	14 70	16 17	17 64	0 73
55 00	64	68	9 68	11 27	12 92	14 52	16 70	17 76	19 36	0 80
60 00	70	56	10 56	12 30	14 10	15 84	17 64	19 38	21 12	0 84
65 00	76	44	11 44	13 32	15 27	17 16	19 11	20 99	22 88	0 91
70 00	82	32	12 32	14 35	16 45	18 48	20 58	22 61	24 64	0 98
75 00	88	20	13 20	15 37	17 62	19 80	22 65	24 22	26 40	1 05
80 00	94	08	14 08	16 40	18 80	21 12	23 58	25 89	28 16	1 12
85 00	99	96	14 96	17 42	17 57	22 44	24 99	27 45	29 92	1 19
90 00	105	84	15 84	18 45	21 15	23 76	26 46	29 07	31 68	1 26
95 00	111	92	16 72	19 47	22 32	25 08	27 93	30 68	33 44	1 33
100 00	117	64	17 64	20 58	23 53	26 47	29 41	32 35	35 29	1 47

HARICOTS

Prix des Haricots au double-décalitre évalué en kilos.

1 *double-décalitre de haricots pèse* 17 *kilos.*

DOUBLES-DÉCAL.	POIDS	PRIX DU DOUBLE-DÉCALITRE. 3 ou 17 64 les 100 kil.	3 50 ou 20 58 les 100 kil.	4 ou 23 53 les 100 kil.	4 50 ou 26 47 les 100 kil.	5 ou 29 41 les 100 kil.	5 50 ou 32 35 les 100 kil.	6 ou 35 29 les 100 kil.	PRIX complémre 0.25
	kil. gr.	fr. c.	fr. c.	fr. c.	fr. c.	fr. c.	fr. c.	fr. c.	fr. c.
1 00	17 00	3 00	3 50	4 00	4 50	5 00	5 50	6 00	0 25
2 00	34 00	6 00	7 00	8 00	9 00	10 00	11 00	12 00	0 50
3 00	51 00	9 00	10 50	12 00	13 50	15 00	16 50	18 00	0 75
4 00	68 00	12 00	14 00	16 00	18 00	20 00	22 00	24 00	1 00
5 00	85 00	15 00	17 50	20 00	22 50	25 00	27 50	30 00	1 25
10 00	170 00	30 00	35 00	40 00	45 00	50 00	55 00	60 00	2 50
15 00	255 00	45 00	52 50	60 00	67 50	75 00	82 50	90 00	3 75
20 00	340 00	60 00	70 00	80 00	90 00	100 00	110 00	120 00	5 00
25 00	425 00	75 00	87 50	100 00	112 75	125 00	137 50	150 00	6 25
30 00	510 00	90 00	105 00	120 00	135 00	150 00	165 00	180 00	7 50
35 00	595 00	105 00	122 50	140 00	157 50	175 00	192 50	210 00	8 75
40 00	680 00	120 00	140 00	160 00	180 00	200 00	220 00	240 00	10 00
45 00	765 00	135 00	157 50	180 00	202 50	225 00	247 50	270 00	11 25
50 00	850 00	150 00	175 00	200 00	225 00	250 00	275 00	300 00	12 50
55 00	935 00	165 00	192 50	220 00	247 50	275 00	302 50	330 00	13 75
60 00	1020 00	180 00	210 00	240 00	270 00	300 00	330 00	360 00	15 00
65 00	1105 00	195 00	227 50	265 00	292 50	325 00	357 50	390 00	16 25
70 00	1190 00	210 00	245 00	280 00	315 00	350 00	385 00	420 00	17 50
75 00	1275 00	225 00	262 50	305 00	337 50	375 00	412 50	450 00	18 75
80 00	1360 00	240 00	280 00	320 00	360 00	400 00	440 00	480 00	20 00
85 00	1445 00	255 00	297 50	345 00	382 50	425 00	467 50	510 00	21 25
90 00	1530 00	270 00	315 00	360 00	405 00	450 00	495 00	540 00	22 50
95 00	1615 00	285 00	332 50	385 00	427 50	475 00	522 50	570 00	23 75
100 00	1700 00	300 00	350 00	400 00	450 00	500 00	550 00	600 00	25 00

HARICOTS

Prix des Haricots au kilog. évalué en doubles-décalitres.

17 *kilos valent* 1 *double-décalitre de haricots.*

POIDS	DOUBLES-DÉCAL. DOUBLES-DÉCIL.	PRIX DU DOUBLE-DÉCALITRE.							PRIX complémre 0.25
		3 ou 17 64 les 100 kil.	3 50 ou 20 58 les 100 kil.	4 ou 23 53 les 100 kil.	4 50 ou 26 47 les 100 kil.	5 ou 29 41 les 100 kil.	5 50 ou 32 35 les 100 kil.	6 ou 35 29 les 100 kil.	
kil. gr.		fr. c.	fr. c.	fr. c.	fr. c.	fr. c.	fr. c.	fr. c.	fr. c.
1 00	0 05	0 17	0 20	0 23	0 26	0 29	0 32	0 35	0 01
2 00	0 11	0 35	0 41	0 47	0 52	0 58	0 64	0 70	0 03
3 00	0 17	0 52	0 61	0 70	0 79	0 88	0 96	1 05	0 04
4 00	0 23	0 70	0 82	0 94	1 05	1 17	1 29	1 40	0 05
5 00	0 29	0 88	1 02	1 17	1 32	1 47	1 61	1 76	0 07
10 00	0 58	1 76	2 05	2 35	2 64	2 94	3 23	3 52	0 14
15 00	0 87	2 64	3 75	3 52	3 96	4 41	4 84	5 28	0 25
20 00	1 16	3 52	4 10	4 70	5 28	5 88	6 46	7 04	0 28
25 00	1 47	4 41	5 14	5 88	6 61	7 35	8 08	8 82	0 36
30 00	1 74	5 28	6 15	7 05	7 92	8 82	9 69	10 56	0 42
35 00	2 03	6 16	7 17	8 22	9 24	10 29	11 30	12 32	0 49
40 00	2 32	7 04	8 20	9 40	10 54	11 76	12 92	14 08	0 56
45 00	2 61	7 92	9 22	10 57	11 88	13 20	14 53	15 34	0 63
50 00	2 94	8 82	10 29	11 76	13 23	14 90	16 17	17 64	0 73
55 00	3 19	9 68	11 27	12 92	14 52	16 17	17 76	19 36	0 80
60 00	3 48	10 56	13 30	14 10	15 84	17 64	19 38	21 12	0 84
65 00	3 77	11 44	13 32	15 27	17 16	19 11	20 99	22 88	0 91
70 00	4 06	12 32	14 35	16 45	18 48	20 58	22 61	24 64	0 98
75 00	4 35	13 20	15 37	17 62	19 80	22 05	24 22	26 40	1 05
80 00	4 64	14 68	16 40	18 80	21 12	23 52	25 84	28 16	1 12
85 00	4 93	14 96	17 42	19 57	22 44	24 99	27 45	29 92	1 19
90 00	5 22	15 84	18 45	21 15	23 76	26 46	29 07	31 68	1 26
95 00	5 51	16 72	19 47	22 32	25 08	27 92	30 68	33 44	1 33
100 00	5 88	17 64	20 58	23 53	26 47	29 41	32 35	35 29	1 47

AVOINE

ÉVALUATION DE LA RÉCOLTE

CONTENᶜᵉ	PRODUIT DE L'HECTARE EN DOUBLES-DÉCALITRES.								PRODUIT complémʳᵉ
	MINIMUM.		MOYEN.				MAXIMUM.		
	60	72	84	96	108	120	132	144	4
hect. ares.									
0 1	0 60	0 72	0 84	0 96	1 08	1 20	1 32	1 44	0 04
0 2	1 20	1 44	1 68	1 92	2 16	2 40	2 64	2 88	0 08
0 3	1 80	2 16	2 52	2 88	3 24	3 60	3 96	4 32	0 12
0 4	2 40	2 88	3 36	3 84	4 32	4 80	5 28	5 76	0 16
0 5	3 00	3 60	4 20	4 80	5 40	6 00	6 60	7 20	0 20
0 10	6 00	7 20	8 40	9 60	10 80	12 00	13 20	14 40	0 40
0 15	9 00	10 80	12 60	14 40	16 20	18 00	19 80	21 60	0 60
0 20	12 00	14 40	16 80	19 20	21 60	24 00	26 40	28 80	0 80
0 25	15 00	18 00	21 00	24 00	27 00	30 00	33 00	36 00	1 00
0 30	18 00	21 60	25 20	28 80	32 40	36 00	39 60	43 20	1 20
0 35	21 00	25 20	29 40	33 60	37 80	42 00	46 20	50 40	1 40
0 40	24 00	28 80	33 60	38 40	43 20	48 00	52 80	57 60	1 60
0 45	27 00	32 40	37 80	43 20	48 60	54 00	59 40	64 80	1 80
0 50	30 00	36 00	42 00	48 00	54 00	60 00	66 00	72 00	2 00
0 55	33 00	39 60	46 20	52 80	59 40	66 00	72 60	79 20	2 20
0 60	36 00	43 20	50 40	57 60	64 80	72 00	79 20	86 40	2 40
0 65	39 00	46 80	54 60	62 40	70 20	78 00	85 80	93 60	2 60
0 70	42 00	50 40	58 80	67 20	75 60	84 00	92 40	100 80	2 80
0 75	45 00	54 00	63 00	72 00	81 00	90 00	99 00	108 00	3 00
0 80	48 00	57 60	67 20	76 80	86 40	96 00	105 60	115 20	3 20
0 85	51 00	61 20	71 40	81 60	91 80	102 00	112 20	122 40	3 40
0 90	54 00	64 80	75 60	86 40	97 20	108 00	118 80	129 60	3 60
0 95	57 00	68 40	79 80	91 20	102 60	114 00	125 40	136 80	3 80
1 00	60 00	72 00	84 00	96 00	108 00	120 00	132 00	144 00	4 00

AVOINE

Prix de l'Avoine au litre et à l'hectolitre évalués en kilog. et en farine.

20 *litres* (1 *double décalitre*) *pèsent* 8 *kilos* 500 *grammes, et rendent* 4 *kilos de farine.*

HECTOLITRES. | LITRES.	POIDS	FARINE	PRIX DU DOUBLE-DÉCALITRE. 1 25 ou 14 70 les 100 kil.	1 50 ou 17 64 les 100 kil.	1 75 ou 20 58 les 100 kil.	2 ou 23 52 les 100 kil.	2 25 ou 26 47 les 100 kil.	2 50 ou 29 41 les 100 kil.	PRIX complém.ts 0.25
	kil. gr.	kil. gr.	fr. c.	fr. c.	fr. c.	fr. c.	fr. c.	fr. c.	fr. c.
0 01	0 425	0 200	0 06	0 07	0 08	0 10	0 11	0 12	0 01
0 02	0 850	0 400	0 12	0 15	0 17	0 20	0 22	0 25	0 02
0 03	1 275	0 600	0 18	0 22	0 26	0 30	0 33	0 37	0 03
0 04	1 700	0 800	0 24	0 30	0 34	0 40	0 44	0 50	0 04
0 05	2 120	1 000	0 32	0 37	0 43	0 50	0 56	0 62	0 06
0 10	4 250	2 000	0 62	0 75	0 87	1 00	1 12	1 25	0 12
0 15	6 370	3 000	0 93	1 12	1 30	1 50	1 68	1 87	0 18
0 20	8 500	4 000	1 25	1 50	1 75	2 00	2 25	2 50	0 25
0 25	10 620	5 000	1 56	1 89	2 18	2 50	2 81	3 12	0 31
0 30	12 750	6 000	1 86	2 25	2 61	3 00	3 36	3 75	0 37
0 35	14 870	7 000	2 17	2 62	3 04	3 50	3 92	4 37	0 42
0 40	17 000	8 000	2 50	3 00	3 50	4 00	4 50	5 00	0 50
0 45	19 120	9 000	2 74	3 37	3 91	4 50	5 04	5 62	0 56
0 50	21 250	10 000	3 12	3 75	4 37	5 00	5 52	6 25	0 62
0 55	23 370	11 000	3 41	4 12	4 78	5 50	6 16	6 87	0 68
0 60	25 500	12 009	3 72	4 50	5 22	6 00	6 72	7 50	0 75
0 65	27 620	13 000	4 03	4 89	5 65	6 50	7 28	8 12	0 81
0 70	29 750	14 000	4 34	5 25	6 09	7 00	7 84	8 75	0 87
0 75	31 870	15 000	4 65	5 62	6 52	7 50	8 40	9 37	0 93
0 80	34 000	16 000	5 00	6 00	7 00	8 00	9 00	10 00	1 00
0 85	36 120	17 000	5 27	6 37	7 39	8 50	9 52	10 62	1 06
0 90	38 250	18 000	5 58	6 75	7 83	9 00	10 08	11 25	1 12
0 95	40 370	19 000	5 89	7 12	8 26	9 50	10 64	11 87	1 18
1 00	42 500	20 000	6 25	7 50	8 75	10 00	11 25	12 50	1 25

AVOINE

Prix de l'Avoine au kilog. évalué en litres, hectolitres et en farine.

8 *kilos* 500 *grammes valent* 20 *litres et rendent* 4 *kilos de farine.*

POIDS	LITRES | CENTILITRES.	FARINE	PRIX DU DOUBLE-DÉCALITRE. 1 25 ou 14 70 les 100 kil.	1 50 ou 17 64 les 100 kil.	1 75 ou 20 58 les 100 kil.	2 ou 23 53 les 100 kil.	2 25 ou 26 47 les 100 kil.	2 50 ou 29 41 les 100 kil.	PRIX compléms 0,25
kil. gr.		kil. gr.	fr. c.	fr. c.	fr. c.	fr. c.	fr. c.	fr. c.	fr. c.
1 00	2 35	0 494	0 14	0 17	0 20	0 23	0 26	0 29	0 02
2 00	4 70	0 980	0 29	0 35	0 41	0 47	0 52	0 58	0 04
3 00	7 05	1 480	0 44	0 52	0 61	0 70	0 79	0 87	0 06
4 00	9 46	1 970	0 58	0 70	0 82	0 94	1 05	1 17	0 08
5 00	11 75	2 470	0 73	0 88	1 02	1 17	1 34	1 47	0 14
10 00	23 50	4 940	1 47	1 76	2 05	2 38	1 64	2 94	0 29
15 00	35 25	7 410	2 20	2 64	3 07	3 52	3 96	4 41	0 43
20 00	47 00	9 880	2 94	3 52	4 10	4 70	5 28	5 88	0 58
25 00	58 82	12 350	3 67	4 41	5 14	5 88	6 61	7 35	0 73
30 00	70 50	14 820	4 41	5 28	6 15	7 05	7 92	8 82	0 86
35 00	82 25	17 290	5 14	6 16	7 17	8 22	9 24	10 29	1 00
40 00	94 00	19 760	5 88	7 04	8 20	9 40	10 56	11 76	1 16
45 00	105 75	22 230	6 61	7 92	9 22	10 57	11 88	13 23	1 36
50 00	117 64	24 700	7 35	8 82	10 29	11 76	13 23	14 77	1 47
55 00	129 25	27 170	8 08	9 68	11 27	12 92	14 52	16 17	1 61
60 00	141 00	29 640	8 82	10 56	12 30	14 10	15 84	17 64	1 74
65 00	152 75	32 110	9 55	11 44	13 32	15 27	17 16	19 11	1 88
70 00	164 50	34 580	10 29	12 32	14 35	16 45	18 48	20 58	2 03
75 00	176 25	37 050	11 02	13 20	15 37	17 62	19 80	22 05	2 17
80 00	188 00	39 520	11 76	14 08	16 40	18 80	21 12	23 52	2 32
85 00	199 75	41 990	12 49	14 96	17 42	19 97	22 44	24 90	2 46
90 00	211 50	44 460	13 23	15 84	18 45	21 15	23 76	26 46	2 61
95 00	223 25	46 930	13 96	16 72	19 47	22 32	25 08	27 93	2 75
100 00	235 28	49 410	14 70	17 64	20 58	23 53	26 47	29 41	2 94

AVOINE

Prix de l'avoine au double-décalitre évalué en kilog. et en farine.

1 *double-décalitre pèse* 8 *kilos* 500 *grammes et rend* 4 *kilos de farine.*

DOUBLES-DÉCAL.	POIDS	FARINE	PRIX DU DOUBLE-DÉCALITRE. 1 25 ou 14 70 les 100 kil.	1 50 ou 17 64 les 100 kil.	1 75 ou 20 58 les 100 kil.	2 ou 23 53 les 100 kil.	2 25 ou 26 47 les 100 kil.	2 50 ou 29 41 les 100 kil.	PRIX complémentaire 0.25
	kil. gr.	kil. gr.	fr. c.	fr. c.	fr. c.	fr. c.	fr. c.	fr. c.	fr. c.
1 00	8 500	4 00	1 25	1 50	1 75	2 00	2 25	2 50	0 25
2 00	17 000	8 00	2 50	3 00	3 50	4 00	4 50	5 00	0 50
3 00	25 500	12 00	3 75	4 50	5 25	6 00	6 75	7 50	0 75
4 00	34 000	16 00	5 00	6 00	7 00	8 00	9 00	10 00	1 00
5 00	42 500	20 00	6 25	7 50	8 75	10 00	11 25	12 50	1 25
10 00	85 000	40 00	12 50	15 00	17 50	20 00	22 50	25 00	2 50
15 00	127 500	60 00	18 75	22 50	26 50	30 00	33 75	37 50	3 75
20 00	170 000	80 00	25 00	30 00	35 00	40 00	45 00	50 00	5 00
25 00	212 500	100 00	31 25	37 50	41 25	50 00	56 25	62 50	6 25
30 00	255 000	120 00	37 50	45 00	52 50	60 00	67 50	75 00	7 50
35 00	297 500	140 00	43 75	52 50	61 25	70 00	78 75	87 50	8 75
40 00	340 000	160 00	50 00	60 00	70 00	80 00	90 00	100 00	10 00
45 00	382 500	180 00	56 25	67 50	78 75	90 00	102 25	112 50	11 25
50 00	425 000	200 00	62 50	75 00	82 50	100 00	112 50	125 00	12 50
55 00	467 500	220 00	68 75	82 50	96 25	110 00	123 75	137 50	13 75
60 60	510 000	240 00	75 00	90 00	105 00	120 00	135 00	150 00	15 00
65 00	552 500	260 00	81 25	97 50	113 75	130 00	141 25	162 50	16 25
70 00	595 000	280 00	87 50	105 00	122 50	140 00	157 50	175 00	17 50
75 00	637 500	300 00	93 75	112 50	131 25	150 00	162 75	187 50	18 75
80 00	680 000	320 00	100 00	120 00	140 00	160 00	180 00	200 00	20 00
85 00	722 500	340 00	106 25	127 50	148 75	170 00	191 25	212 50	21 25
90 00	765 000	360 00	112 50	135 00	157 50	180 00	202 50	225 00	22 50
95 00	807 500	380 00	118 75	142 50	166 25	190 00	213 75	237 50	23 75
100 00	850 000	400 00	125 00	150 00	175 00	200 00	225 00	250 00	25 00

AVOINE

Prix de l'avoine au kilog. évalué en doubles-décalitres et en farine.

8 *kilos* 500 *grammes valent* 1 *double-décalitre et rendent* 4 *kilos de farine.*

POIDS	DOUBLES-DÉCAL. | DOUBLES-DÉCIL.	FARINE	PRIX DU DOUBLE-DÉCALITRE. 1 25 ou 14 70 les 100 kil.	1 50 ou 17 64 les 100 kil.	1 75 ou 20 58 les 100 kil.	2 ou 23 52 les 100 kil.	2 25 ou 26 47 les 100 kil.	2 50 ou 29 41 les 100 kil.	PRIX complém^rs 0.25
kil. gr.		kil. gr.	fr. c.	fr. c.	fr. c.	fr. c.	fr. c.	fr. c.	fr. c.
1 00	0 117	0 470	0 14	0 17	0 20	0 23	0 26	0 29	0 02
2 00	0 23	0 940	0 29	0 35	0 41	0 47	0 52	0 58	0 04
3 00	0 35	1 410	0 44	0 52	0 61	0 70	0 79	0 88	0 06
4 00	0 46	1 880	0 58	0 70	0 82	0 94	1 05	1 17	0 08
5 00	0 58	2 350	0 70	0 88	1 02	1 17	1 34	1 47	0 14
10 00	1 17	4 700	1 47	1 76	2 05	2 35	2 64	2 94	0 29
15 00	1 75	7 050	2 20	2 64	3 07	3 52	3 96	4 41	0 43
20 00	2 34	9 400	2 94	3 52	4 10	4 70	5 28	5 88	0 58
25 00	2 94	11 760	3 67	4 41	5 14	5 88	6 61	7 35	0 73
30 00	3 51	14 100	4 41	5 28	6 15	7 05	7 92	8 82	0 86
35 00	4 09	16 450	5 14	6 16	7 17	8 22	9 24	10 29	1 00
40 00	4 68	18 800	5 88	7 04	8 20	9 40	10 56	11 76	1 16
45 00	5 26	21 150	6 61	7 92	9 22	10 57	11 88	13 23	1 30
50 00	5 88	23 520	7 34	8 82	10 29	11 76	13 23	14 70	1 47
55 00	6 48	25 850	8 08	9 68	11 27	12 92	14 52	16 17	1 61
60 00	7 02	28 200	8 82	10 56	12 30	14 10	15 84	17 64	1 74
65 00	7 60	30 550	9 55	11 44	13 32	15 27	17 16	19 11	1 88
70 00	8 19	32 900	10 29	12 32	14 35	16 45	18 48	20 58	2 09
75 00	8 77	35 250	11 02	13 20	18 37	17 62	19 80	22 05	2 17
80 00	9 36	37 600	11 76	14 08	16 40	18 80	21 12	23 52	2 32
85 00	9 94	39 950	12 49	14 96	17 42	19 97	22 44	24 99	2 46
90 00	10 53	42 300	13 23	15 84	18 45	21 15	23 76	26 46	2 61
95 00	11 11	44 650	13 96	16 72	19 47	22 32	25 08	27 93	2 75
100 00	11 76	47 050	14 70	17 64	20 58	23 52	26 47	29 41	2 94

POMMES DE TERRE

ÉVALUATION DE LA RÉCOLTE

CONTENᶜᵉ	PRODUIT DE L'HECTARE EN HECTOLITRES.								PRODUIT compléinᵗᵉ
	MINIMUM.		MOYEN.				MAXIMUM.		
	60	72	84	96	108	120	132	144	4
hect. ares.									
0 01	0 60	0 72	0 84	0 96	1 08	1 20	1 32	1 44	0 04
0 02	1 20	1 44	1 68	1 92	2 16	2 40	2 64	2 88	0 08
0 03	1 80	2 16	2 52	2 88	3 24	3 60	3 96	4 32	0 12
0 04	2 40	2 88	3 36	3 84	4 32	4 80	5 28	5 76	0 16
0 05	3 00	3 60	4 20	4 80	5 40	6 00	6 60	7 20	0 20
0 10	6 00	7 20	8 40	9 60	10 80	12 00	13 20	14 40	0 40
0 15	9 00	10 80	12 60	14 40	16 20	18 00	19 80	21 60	0 60
0 20	12 00	14 40	16 80	19 20	21 60	24 00	26 40	28 80	0 80
0 25	15 00	18 00	21 00	24 00	27 00	30 00	33 00	36 00	1 00
0 30	18 00	21 60	25 20	28 80	32 40	36 00	39 60	43 20	1 20
0 35	21 00	25 20	29 40	33 60	37 80	42 00	46 20	50 40	1 40
0 40	24 00	28 80	33 60	38 40	43 20	48 00	52 80	57 60	1 60
0 45	27 00	32 40	37 80	43 20	48 60	54 00	59 40	64 80	1 80
0 50	30 00	36 00	42 00	48 00	54 00	60 00	66 00	72 00	2 00
0 55	33 00	39 60	46 20	52 80	59 40	66 00	72 60	79 20	2 20
0 60	36 00	43 20	50 40	57 60	64 80	72 00	79 20	86 40	2 40
0 65	39 00	46 80	54 60	62 40	70 20	78 00	85 80	93 60	2 60
0 70	42 00	50 40	58 80	67 20	75 60	84 00	92 40	100 80	2 80
0 75	45 00	54 00	63 00	72 00	81 00	90 00	99 00	108 00	3 00
0 80	48 00	57 60	67 20	76 80	86 40	96 00	105 60	115 20	3 20
0 85	51 00	61 20	71 40	81 60	91 80	102 00	112 20	122 40	3 40
0 90	54 00	64 80	75 60	86 40	97 20	108 00	118 80	129 60	3 60
0 95	57 00	68 40	79 80	91 20	102 60	114 00	125 40	136 80	3 80
1 00	60 00	72 00	84 00	96 00	108 00	120 00	132 00	144 00	4 00

POMMES DE TERRE

Prix au litre et à l'hectolitre évalués en kilos et en fécule.

100 *litres* (1 *hectol.*) *pèsent* 65 *kilos et rendent* 15 *litres de fécule.*

HECTOLITRES. | LITRES.	POIDS	FÉCULE	PRIX DE L'HECTOLITRE.						PRIX compléme 0.25
			1 ou 1 53 les 100 kil.	1 50 ou 2 30 les 100 kil.	2 ou 3 07 les 100 kil.	2 50 ou 3 84 les 100 kil.	3 ou 4 52 les 100 kil.	3 50 ou 5 38 les 100 kil.	
	kil. gr.	litre. centil.	fr. c.	fr. c.	fr. c.	fr. c.	fr. c.	fr. c.	fr. c.
0 01	0 650	0 15	0 01	0 02	0 02	0 03	0 04	0 045	0 002
0 02	1 300	0 30	0 02	0 03	0 04	0 05	0 06	0 07	0 005
0 03	1 950	0 45	0 03	0 04	0 06	0 07	0 09	0 10	0 007
0 04	2 600	0 60	0 04	0 06	0 08	0 10	0 12	0 14	0 01
0 05	3 250	0 75	0 05	0 07	0 10	0 12	0 15	0 17	0 012
0 10	6 500	1 50	0 10	0 15	0 20	0 25	0 30	0 35	0 02
0 15	9 750	2 25	0 15	0 22	0 30	0 37	0 45	0 52	0 03
0 20	13 000	3 00	0 20	0 30	0 40	0 50	0 60	0 70	0 05
0 25	16 250	3 75	0 25	0 37	0 50	0 62	0 75	0 87	0 06
0 30	19 500	4 50	0 30	0 45	0 60	0 75	0 90	1 05	0 07
0 35	22 750	5 25	0 35	0 52	0 70	0 97	1 05	1 22	0 08
0 40	26 000	6 00	0 40	0 60	0 80	1 00	1 20	1 40	0 10
0 45	29 250	6 75	0 45	0 67	0 90	1 12	1 35	1 57	0 11
0 50	32 500	7 50	0 50	0 75	1 00	1 25	1 50	1 75	0 12
0 55	35 750	8 25	0 55	0 82	1 10	1 37	1 65	1 92	0 13
0 60	39 000	9 00	0 60	0 90	1 20	1 50	1 80	2 10	0 15
0 65	42 250	9 75	0 65	0 97	1 30	1 62	1 95	2 27	0 16
0 70	45 500	10 50	0 70	1 05	1 40	1 75	2 10	2 40	0 17
0 75	48 550	11 25	0 75	1 12	1 50	1 87	2 25	2 62	0 18
0 80	52 000	12 00	0 80	1 20	1 60	2 00	2 40	2 80	0 20
0 85	55 250	12 75	0 85	1 27	1 70	2 12	2 55	2 97	0 21
0 90	58 500	13 50	0 90	1 35	1 80	2 25	2 70	3 15	0 22
0 95	61 750	14 25	0 95	1 42	1 90	2 37	2 85	3 32	0 23
1 00	65 000	15 00	1 00	1 50	2 00	2 50	3 00	3 50	0 25

POMMES DE TERRE

Prix au kilogramme évalué en litre et hectolitre et en fécule.

65 *kilos valent* 100 *litres* (1 *hectolitre*) *et rendent* 9 *kilos* 750 *gr. de fécule.*

POIDS	LITRES. | CENTILITRES.	FÉCULE	PRIX DE L'HECTOLITRE.						PRIX complém. 0.25
			1 ou 1 53 les 100 kil.	1 50 ou 2 30 les 100 kil.	2 ou 3 07 les 100 kil.	2 50 ou 3 84 les 100 kil.	3 ou 4 52 les 100 kil.	3 50 ou 5 38 les 100 kil.	
kil. gr.		kil. gr.	fr. c.	fr. c.	fr. c.	fr. c.	fr. c.	fr. c.	fr. c.
1 00	1 53	0 150	0 01	0 02	0 03	0 04	0 045	0 05	0 003
2 00	3 07	0 300	0 03	0 04	0 06	0 07	0 09	0 10	0 007
3 00	4 61	0 450	0 04	0 06	0 09	0 11	0 13	0 15	0 011
4 00	6 25	0 600	0 06	0 09	0 12	0 15	0 18	0 20	0 015
5 00	7 69	0 750	0 07	0 11	0 15	0 19	0 23	0 26	0 019
10 00	15 38	1 500	0 15	0 23	0 30	0 38	0 46	0 54	0 039
15 00	23 07	2 250	0 22	0 34	0 45	0 57	0 69	0 80	0 05
20 00	30 76	3 000	0 30	0 46	0 60	0 76	0 92	1 08	0 07
25 00	38 46	3 750	0 38	0 57	0 76	0 96	1 15	1 34	0 09
30 00	45 84	4 500	0 45	0 69	0 90	1 14	1 38	1 62	0 11
35 00	53 53	5 250	0 52	0 80	1 05	1 33	1 61	1 88	0 13
40 00	61 52	6 000	0 60	0 92	1 20	1 52	1 84	2 16	0 14
45 00	69 21	6 750	0 67	1 03	1 35	1 71	2 07	2 42	0 16
50 00	76 92	7 500	0 76	1 15	1 53	1 92	2 30	2 70	0 19
55 00	84 61	8 250	0 83	1 26	1 68	2 11	2 53	2 96	0 20
60 00	92 28	9 000	0 90	1 38	1 80	2 28	2 76	3 24	0 22
65 00	100 00	9 750	1 00	1 50	2 00	2 50	3 00	3 50	0 23
70 00	107 69	10 500	1 05	1 61	2 15	2 66	3 22	3 78	0 25
75 00	115 38	11 250	1 12	1 72	2 30	2 85	3 45	4 04	0 28
80 00	123 04	12 000	1 20	1 84	2 40	3 04	3 68	4 32	0 30
85 00	130 76	12 750	1 27	1 95	2 55	3 23	3 91	4 58	0 32
90 00	138 42	13 500	1 35	2 07	2 70	3 42	4 14	4 86	0 34
95 00	146 11	14 250	1 42	2 18	2 85	3 61	4 37	5 12	0 35
100 00	153 84	15 000	1 53	2 30	3 07	3 84	4 52	5 38	0 38

POMMES DE TERRE

Prix au double-décalitre évalué en kilos et en fécule.

1 *double-décal. pèse* 13 *kilos et rend* 3 *litres de fécule, qui pèsent* 1 *kil.* 950 *gr.*

DOUBLES-DÉCAL.	POIDS	FÉCULE	PRIX DE L'HECTOLITRE.						PRIX complémts 0.25
			1 ou 1 53 les 100 kil.	1 50 ou 2 30 les 100 kil.	2 ou 3 07 les 100 kil.	2 50 ou 3 84 les 100 kil.	3 ou 4 52 les 100 kil.	3 50 ou 5 38 les 100 kil.	
	kil. gr.	hect. litre.	fr. c.	fr. c.	fr. c.	fr. c.	fr. c.	fr. c.	fr. c.
1 00	13 00	0 03	0 20	0 30	0 40	0 50	0 60	0 70	0 05
2 00	26 00	0 06	0 40	0 60	0 80	1 00	1 20	1 40	0 10
3 00	39 00	0 09	0 60	0 90	1 20	1 50	1 80	2 10	0 15
4 00	52 00	0 12	0 80	1 20	1 60	2 00	1 40	2 80	0 20
5 00	65 00	0 15	1 00	1 50	2 00	2 50	3 00	3 50	0 25
10 00	130 00	0 30	2 00	3 00	4 00	5 00	6 00	7 00	0 50
15 00	195 00	0 45	3 00	4 50	6 00	7 50	9 00	10 50	0 75
20 00	260 00	0 60	4 00	6 00	8 00	10 00	12 00	14 00	1 00
25 00	325 00	0 75	5 00	7 50	10 00	12 50	15 00	17 50	1 25
30 00	390 00	0 90	6 00	9 00	12 00	15 00	48 00	21 00	1 50
35 00	455 00	1 05	7 00	10 50	14 00	17 50	21 00	24 50	1 75
40 00	520 00	1 20	8 00	12 00	16 00	20 00	24 00	28 00	2 00
45 00	585 00	1 35	9 00	13 50	18 00	22 50	27 00	31 50	2 25
50 00	650 00	1 50	10 00	15 00	20 00	25 00	30 00	35 00	2 50
55 00	715 00	1 65	11 00	16 50	22 00	27 50	33 00	38 50	2 75
60 00	780 00	1 80	12 00	18 00	24 00	30 00	36 00	42 00	3 00
65 00	845 00	1 95	13 00	19 50	26 00	32 50	39 00	45 50	3 25
70 00	910 00	2 10	14 00	21 00	28 00	35 00	42 00	49 00	3 50
75 00	975 00	2 25	15 00	22 50	30 00	37 50	45 00	53 00	3 75
80 00	1040 00	2 40	16 00	24 00	32 00	40 00	48 00	56 00	4 00
85 00	1105 00	2 50	17 00	25 50	34 00	42 50	51 00	59 50	4 25
90 00	1170 00	2 70	18 00	27 00	36 00	45 00	54 00	63 00	4 50
95 00	1235 00	2 85	19 00	28 50	38 00	47 50	57 00	66 00	4 75
100 00	1300 00	3 00	20 00	30 00	40 00	50 00	60 00	70 00	5 00

POMMES DE TERRE

Prix au kilogramme évalué en doubles-décalitres et en fécule.

13 *kilos font* 1 *double-décal. et rendent* 1 *kilo* 950 *grammes de fécule.*

POIDS	DOUBLES-DÉCAL. DOUBLES-DÉCIL.	FÉCULE	PRIX DE L'HECTOLITRE. 1 ou 1 53 les 100 kil.	1 50 ou 2 30 les 100 kil.	2 ou 3 07 les 100 kil.	2 50 ou 3 84 les 100 kil.	3 ou 4 52 les 100 kil.	3 50 ou 5 38 les 100 kil.	PRIX compl^ém^ 0.25
kil. gr.		kil. gr.	fr. c.	fr. c.	fr. c.	fr. c.	fr. c.	fr. c.	fr. c.
1 00	0 07	0 150	0 025	0 023	0 03	0 038	0 04	0 05	0 003
2 00	0 15	0 300	0 03	0 04	0 06	0 07	0 09	0 10	0 007
3 00	0 22	0 450	0 04	0 06	0 09	0 11	0 13	0 15	0 011
4 00	0 30	0 600	0 06	0 09	0 12	0 15	0 18	0 20	0 015
5 00	0 38	0 750	0 07	0 11	0 15	0 19	0 23	0 26	0 019
10 00	0 76	1 500	0 15	0 23	0 30	0 38	0 46	0 54	0 03
15 00	1 14	2 250	0 22	0 34	0 45	0 57	0 69	0 80	0 05
20 00	1 52	3 000	0 30	0 46	0 60	0 76	0 92	1 08	0 07
25 00	1 92	3 750	0 38	0 57	0 76	0 96	1 15	1 34	0 09
30 00	2 28	4 500	0 45	0 69	0 90	1 14	1 38	1 62	0 11
35 00	2 66	5 250	0 52	0 80	1 05	1 33	1 61	1 88	0 13
40 00	3 04	6 000	0 60	0 92	1 20	1 52	1 84	2 16	0 14
45 00	3 42	6 750	0 67	0 03	1 35	1 71	2 07	2 42	0 16
50 00	3 84	7 500	0 76	1 15	1 53	1 92	2 36	2 70	0 19
55 00	4 22	8 250	0 83	1 26	1 68	2 11	2 53	2 96	0 20
60 00	4 56	9 000	0 90	1 38	1 80	2 28	2 76	3 91	0 22
65 00	4 94	9 750	1 00	1 50	2 00	2 50	3 00	3 50	0 25
70 00	5 32	10 500	1 05	1 61	2 15	2 66	3 22	3 78	0 26
75 00	5 70	11 250	1 12	1 72	2 30	2 85	3 45	4 04	0 28
80 00	6 08	12 000	1 20	1 84	2 40	3 04	3 68	4 32	0 30
85 00	6 46	12 750	1 27	1 95	2 55	3 23	3 91	4 58	0 32
90 00	6 84	13 500	1 35	2 07	2 70	3 42	4 14	4 86	0 34
95 00	7 22	14 250	1 42	2 18	2 85	3 61	4 37	5 12	0 35
100 00	7 69	15 000	1 53	2 30	3 07	3 84	4 52	5 38	0 38

POMMES DE TERRE

Prix de la Fécule au kilogramme évalué en kilos, en litres et hectolitres.

15 *kil. de fécule proviennent de* 100 *kil. et de* 153 *litres* 84 *centil. de pommes de terre.*

FÉCULE	POIDS	HECTOLITRES. — LITRES. — CENTIL.	PRIX DE L'HECTOLITRE.						PRIX compl. 0.25
			1 ou 1 53 les 100 kil.	1 50 ou 2 30 les 100 kil.	2 ou 3 07 les 100 kil.	2 50 ou 3 84 les 100 kil.	3 ou 4 52 les 100 kil.	3 50 ou 5 38 les 100 kil.	
kil. gr.	kil. gr.		fr. c.	fr. c.	fr. c.	fr. c.	fr. c.	fr. c.	fr. c.
1 00	6 666	0 10 25	0 10	0 15	0 20	0 25	0 30	0 35	0 02
2 00	13 333	0 20 51	0 20	0 30	0 41	0 51	0 61	0 70	0 05
3 00	19 999	0 30 76	0 30	0 45	0 61	0 76	0 92	1 05	0 07
4 00	26 666	0 41 02	0 40	0 61	0 82	1 02	1 22	1 40	0 09
5 00	33 333	0 51 28	0 51	0 76	1 02	1 28	1 54	1 79	0 12
10 00	66 666	1 02 56	1 02	1 53	2 04	2 56	3 06	3 58	0 25
15 00	100 000	1 53 84	1 53	2 30	3 07	3 84	4 52	5 38	0 37
20 00	133 333	2 05 12	2 04	3 06	4 08	5 12	6 12	7 16	0 50
25 00	166 666	2 56 40	2 56	3 84	5 12	6 41	7 69	8 97	0 64
30 00	199 999	3 07 68	3 06	4 59	6 12	7 68	9 18	10 74	0 75
35 00	233 333	3 58 96	3 57	5 35	7 14	8 96	10 72	12 53	0 87
40 00	266 666	4 10 24	4 08	6 22	8 16	10 24	12 24	14 32	1 00
45 00	300 000	4 61 52	4 59	6 98	9 18	11 52	13 78	16 11	1 12
50 00	333 333	5 12 80	5 13	7 69	10 25	12 82	15 38	17 94	1 28
55 00	366 666	5 64 08	5 64	8 45	11 27	14 10	16 92	19 73	1 40
60 00	399 999	6 15 36	6 12	9 18	12 24	15 36	18 36	21 48	1 50
65 00	433 333	6 66 64	6 63	9 94	13 26	16 64	19 90	23 27	1 62
70 00	466 666	7 17 92	7 14	10 71	14 28	17 92	21 42	25 06	1 75
75 00	499 999	7 69 20	7 65	11 47	15 30	19 20	22 96	26 85	1 87
80 00	533 333	8 20 48	8 16	12 24	16 32	20 48	24 48	28 64	2 00
85 00	566 666	8 71 76	8 67	13 00	17 34	21 76	26 02	30 43	2 12
90 00	599 999	9 23 04	9 18	13 76	18 38	23 04	27 54	32 22	2 25
95 00	633 333	9 74 32	9 69	14 52	19 38	24 32	29 08	34 01	2 37
100 00	666 666	10 25 60	10 26	15 38	20 51	25 64	30 76	35 89	2 56

BETTERAVES

ÉVALUATION DE LA RÉCOLTE

CONTEN^{ce}	PRODUIT DE L'HECTARE EN HECTOLITRES.								PRODUIT compléme 4
	MINIMUM.		MOYEN.				MAXIMUM.		
	96	108	120	132	144	156	168	180	
hect. ares.									
0 01	0 96	1 08	1 20	1 32	1 44	1 56	1 68	1 80	0 04
0 02	1 92	2 16	2 40	2 64	2 88	3 12	3 36	3 60	0 08
0 03	2 88	3 24	3 60	3 96	4 32	4 68	5 04	5 40	0 12
0 04	3 84	4 32	4 80	5 28	5 76	6 24	6 72	7 20	0 16
0 05	4 80	5 40	6 00	6 60	7 20	7 80	8 40	9 00	0 20
0 10	9 60	10 80	12 00	13 20	14 40	15 60	16 80	18 00	0 40
0 15	14 40	16 20	18 00	19 80	21 60	23 40	25 20	27 00	0 60
0 20	19 20	21 60	24 00	26 40	28 80	31 20	33 60	36 00	0 80
0 25	24 00	27 00	30 00	33 00	36 00	39 00	42 00	45 00	1 00
0 30	28 80	32 40	36 00	39 60	43 20	46 80	50 40	54 00	1 20
0 35	33 60	37 80	42 00	46 20	50 40	54 60	53 80	63 00	1 40
0 40	38 40	43 20	48 00	52 80	57 60	62 40	67 20	72 00	1 60
0 45	43 20	48 60	54 00	59 40	64 80	70 20	75 60	81 00	1 80
0 50	48 00	54 00	60 00	66 00	72 00	78 00	84 00	90 00	2 00
0 55	52 80	59 40	66 00	72 60	79 20	85 80	92 40	99 00	2 20
0 60	57 60	64 80	72 00	79 20	86 40	93 60	100 80	108 00	2 40
0 65	62 40	70 20	78 00	85 80	93 60	101 40	109 20	117 00	2 60
0 70	67 20	75 60	84 00	92 40	100 80	109 20	117 60	126 00	2 80
0 75	72 00	81 00	90 00	99 00	108 00	117 00	126 00	135 00	3 00
0 80	76 80	86 40	96 00	105 60	115 20	124 80	134 40	144 00	3 20
0 85	81 60	91 80	102 00	112 20	122 40	132 60	142 80	153 00	3 40
0 90	86 40	97 20	108 00	118 80	129 60	140 40	151 20	162 00	3 60
0 95	91 70	102 60	114 00	125 40	136 80	148 20	159 60	171 00	3 80
1 00	96 00	108 00	120 00	132 00	144 00	156 00	168 00	180 00	4 00

BETTERAVES

Prix au litre et à l'hectolitre évalués en kilogramme et en sucre.

100 *litres* (1 *hectolitre*) *pèsent* 70 *kilos et rendent* 3 *kilos* 500 *gr. de sucre.*

HECTOLITRES. | LITRES.	POIDS	SUCRE	PRIX DE L'HECTOLITRE. 1 ou 1 42 les 100 kil.	1 50 ou 2 11 les 100 kil.	2 ou 2 85 les 100 kil.	2 50 ou 3 54 les 100 kil.	3 ou 4 28 les 100 kil.	3 50 ou 5 les 100 kil.	PRIX compl ém^re 0.25
	kil. gr.	kil. gr.	fr. c.	fr. c.	fr. c.	fr. c.	fr. c.	fr. c.	fr. c.
0 01	0 700	0 035	0 01	0 015	0 02	0 025	0 03	0 035	0 002
0 02	1 400	0 070	0 02	0 03	0 04	0 05	0 06	0 07	0 004
0 03	2 100	0 105	0 03	0 04	0 06	0 07	0 09	0 10	0 006
0 04	2 800	0 140	0 04	0 06	0 08	0 10	0 12	0 14	0 009
0 05	3 500	0 175	0 05	0 07	0 10	0 12	0 15	0 17	0 012
0 10	7 000	0 350	0 10	0 15	0 20	0 25	0 30	0 35	0 025
0 15	10 500	0 525	0 15	0 22	0 30	0 37	0 45	0 52	0 037
0 20	14 000	0 700	0 20	0 30	0 40	0 50	0 60	0 70	0 05
0 25	17 500	0 875	0 25	0 37	0 50	0 62	0 75	0 87	0 06
0 30	21 000	1 050	0 30	0 45	0 60	0 75	0 90	1 05	0 07
0 35	24 500	1 225	0 35	0 52	0 70	0 87	1 05	1 22	0 08
0 40	28 000	1 400	0 40	0 60	0 80	1 00	1 20	1 40	0 09
0 45	31 500	1 575	0 45	0 67	0 90	1 12	1 35	1 57	0 10
0 50	35 000	1 750	0 50	0 75	1 00	1 25	1 50	1 75	0 12
0 55	38 500	1 925	0 55	0 82	1 10	1 37	1 65	1 92	0 14
0 60	42 000	2 100	0 60	0 90	1 20	1 50	1 80	2 10	0 15
0 65	45 500	2 275	0 65	0 97	1 30	1 62	1 95	2 27	0 16
0 70	49 000	2 450	0 70	1 05	1 40	1 75	2 10	2 45	0 17
0 75	52 500	2 625	0 75	1 12	1 50	1 87	2 25	2 52	0 18
0 80	56 000	2 800	0 80	1 20	1 60	2 00	2 40	2 80	0 19
0 85	59 500	2 975	0 85	1 27	1 70	2 12	2 55	2 97	0 21
0 90	63 000	3 150	0 90	1 35	1 80	2 25	2 70	3 15	0 22
0 95	66 500	3 275	0 95	1 42	1 90	2 37	2 85	3 32	0 24
1 00	70 000	3 500	1 00	1 50	2 00	2 50	3 00	3 50	0 25

BETTERAVES

Prix au kilogramme évalué en litres et hectolitres et en sucre.

70 *kilos valent* 100 *litres* (1 *hectolitre*) *et rendent* 3 *kilos* 500 *gr. de sucre.*

POIDS	LITRES. | CENTILITRES.	SUCRE	PRIX DE L'HECTOLITRE.						PRIX compléin. 0.25
			1 ou 1 42 les 100 kil.	1 50 ou 2 14 les 100 kil.	2 ou 2 85 les 100 kil.	2 50 ou 3 54 les 100 kil.	3 ou 4 28 les 100 kil.	3 50 ou 5 les 100 kil.	
kil. gr.		kil. gr.	fr. c.	fr. c.	fr. c.	fr. c.	fr. c.	fr. c.	fr. c.
1 00	1 42	0 050	0 01	0 02	0 02	0 03	0 04	0 05	0 005
2 00	2 84	0 100	0 02	0 04	0 05	0 07	0 08	0 10	0 010
3 00	4 26	0 150	0 04	0 06	0 08	0 10	0 12	0 15	0 015
4 00	5 58	0 200	0 05	0 08	0 11	0 14	0 16	0 20	0 02
5 00	7 14	0 250	0 07	0 10	0 14	0 17	0 21	0 25	0 03
10 00	14 28	0 500	0 14	0 21	0 28	0 35	0 42	0 50	0 05
15 00	21 42	0 750	0 21	0 31	0 42	0 52	0 63	0 75	0 07
20 00	28 56	1 000	0 28	0 42	0 56	0 70	0 84	1 00	0 10
25 00	37 70	1 250	0 35	0 53	0 71	0 89	1 07	1 25	0 12
30 00	42 84	1 500	0 42	0 63	0 84	1 05	1 26	1 50	0 15
35 00	49 98	1 750	0 49	0 73	0 98	1 25	1 47	1 75	0 17
40 00	57 12	2 000	0 56	0 84	1 12	1 40	1 68	2 00	0 20
45 00	64 26	2 250	0 63	0 94	1 26	1 57	1 89	2 25	0 22
50 00	71 42	2 500	0 71	1 07	1 42	1 78	2 14	2 50	0 25
55 00	78 54	2 750	0 77	1 15	1 54	1 92	2 31	2 75	0 28
60 00	85 68	3 000	0 84	1 26	1 68	2 10	2 52	3 00	0 30
65 00	92 82	3 250	0 91	1 36	1 82	2 27	2 73	3 25	0 33
70 00	100 00	3 500	1 00	1 50	2 00	2 50	3 00	3 50	0 35
75 00	107 10	3 750	1 05	1 57	2 10	2 62	3 17	3 75	0 38
80 00	114 24	4 000	1 12	1 68	2 24	2 80	3 36	4 00	0 40
85 00	121 38	4 250	1 19	1 78	2 38	2 97	3 57	4 25	0 43
90 00	128 52	4 500	1 20	1 89	2 52	3 15	3 78	4 50	0 45
95 00	136 66	4 750	1 33	1 99	2 66	3 32	3 99	4 75	0 48
100 00	142 85	5 000	1 42	2 14	2 85	3 57	4 28	5 00	0 51

SUCRE DE BETTERAVES

Prix du Sucre de betteraves évalué en kilogrammes et en litres.

5 *kilos de sucre proviennent de* 100 *kilos et de* 142 *litres* 85 *de betteraves.*

SUCRE	POIDS	HECTOLITRES. | LITRES.	PRIX DE L'HECTOLITRE. 1 ou 1 42 les 100 kil.	1 50 ou 2 14 les 100 kil.	2 ou 2 85 les 100 kil	2 50 ou 3 57 les 100 kil.	3 ou 4 28 les 100 kil.	3 50 ou 5 les 100 kil.	PRIX compléme 0.25
kil. gr.	kil. gr.		fr. c.	fr. c.	fr. c.	fr. c.	fr. c.	fr. c.	fr. c.
1 00	20 00	0 28	0 28	0 42	0 57	0 71	0 85	1 00	0 05
2 00	40 00	0 56	0 56	0 85	1 14	1 42	1 61	2 00	0 10
3 00	60 00	0 85	0 85	1 28	1 71	2 13	2 56	3 00	0 15
4 00	80 00	1 14	1 14	1 71	2 28	2 84	3 31	4 00	0 20
5 00	100 00	1 42	1 42	2 14	2 85	3 55	4 28	5 00	0 25
10 00	200 00	2 85	2 85	4 28	5 70	7 10	8 56	10 00	0 50
15 00	300 00	4 28	4 28	6 12	8 55	10 65	12 84	15 00	0 75
20 00	400 00	5 71	5 71	8 56	11 40	14 20	17 12	20 00	1 00
25 00	500 00	7 13	7 13	10 70	14 25	17 85	21 40	25 00	1 25
30 00	600 00	8 55	8 55	12 84	17 00	21 30	25 68	30 00	1 50
35 00	700 00	9 97	9 97	14 98	19 95	24 85	29 96	35 00	1 75
40 00	800 00	11 40	11 40	17 12	22 80	28 40	34 24	40 00	2 00
45 00	900 00	12 82	12 82	19 26	25 65	31 95	38 52	45 00	2 25
50 00	1000 00	14 24	14 24	21 40	28 50	35 70	42 80	50 00	2 50
55 00	1100 00	15 66	15 66	23 54	31 35	39 25	47 08	55 00	2 75
60 00	1200 00	17 08	17 08	25 68	34 20	42 60	51 36	60 00	3 00
65 00	1300 00	18 50	18 50	27 82	37 05	46 15	55 64	65 00	3 25
70 00	1400 00	19 92	19 92	29 96	39 90	49 70	59 92	70 00	3 50
75 00	1500 00	21 34	21 34	31 10	42 75	53 25	64 20	75 00	3 75
80 00	1600 00	22 76	22 76	34 24	45 60	56 80	68 48	80 00	4 00
85 00	1700 00	24 20	24 20	36 38	48 45	60 35	72 76	85 00	4 25
90 00	1800 00	25 62	25 62	38 52	51 30	63 90	77 04	90 00	4 50
95 00	1900 00	27 04	27 04	40 66	54 15	67 45	81 22	95 00	4 75
100 00	2000 00	28 26	28 26	42 80	57 00	71 40	85 60	100 00	5 00

COLZA ET NAVETTE

ÉVALUATION DE LA RÉCOLTE

CONTENᶜᵉ	PRODUIT DE L'HECTARE EN DOUBLES-DÉCALITRES.								PRODUIT complémᵗᵉ
	MINIMUM.		MOYEN.				MAXIMUM.		
	36	48	60	72	84	96	108	120	
hect. ares.									
0 1	0 36	0 48	0 60	0 72	0 84	0 96	1 08	1 20	0 04
0 2	0 72	0 96	1 20	1 44	1 68	1 92	2 16	2 40	0 08
0 3	1 08	1 44	1 80	2 16	2 52	2 88	3 24	3 60	0 12
0 4	1 44	1 92	2 40	2 88	3 36	3 84	4 32	4 80	0 16
0 5	1 80	2 40	3 00	3 60	4 20	4 80	5 40	6 00	0 20
0 10	3 60	4 80	6 00	7 20	8 40	9 60	10 80	12 00	0 40
0 15	5 40	7 20	9 00	10 80	12 60	14 40	16 20	18 00	0 60
0 20	7 20	9 60	12 00	14 40	16 80	19 20	21 60	24 00	0 80
0 25	9 00	12 00	15 00	18 00	21 00	24 00	27 00	30 00	1 00
0 30	10 80	14 40	18 00	21 60	25 20	28 80	32 40	36 00	1 20
0 35	12 63	16 80	21 00	25 20	29 40	33 60	37 80	42 00	1 40
0 40	14 40	19 20	24 00	28 80	33 60	38 40	43 20	48 00	1 60
0 45	16 20	21 60	27 00	32 40	37 80	43 20	48 60	54 00	1 80
0 50	18 00	24 00	30 00	36 00	42 00	48 00	54 00	60 00	2 00
0 55	19 80	26 40	33 00	39 60	46 20	52 80	59 40	66 00	2 20
0 60	21 60	28 80	36 00	43 20	50 40	57 60	64 80	72 00	2 40
0 65	23 40	31 20	39 00	46 80	54 60	62 40	70 20	78 00	2 60
0 70	25 20	33 60	42 00	50 40	58 80	67 20	75 60	84 00	2 80
0 75	27 00	36 00	45 00	54 00	63 00	72 00	81 00	90 00	3 00
0 80	28 80	38 40	48 00	57 60	67 20	76 80	86 40	96 00	3 20
0 85	30 60	40 80	51 00	61 20	71 40	81 60	91 80	102 00	3 40
0 90	32 40	43 20	54 00	64 80	75 60	86 40	97 20	108 00	3 60
0 95	34 20	45 60	57 00	68 40	79 80	91 20	102 60	114 00	3 80
1 00	36 00	48 00	60 00	72 00	84 00	96 00	108 00	120 00	4 00

COLZA ET NAVETTE

Prix du Colza et de la Navette au litre et à l'hectol. évalués en kil. et en huile.

20 *litres* (1 *double-décalitre*) *pèsent* 13 *kilos et rendent* 5 *kilos et* 200 *gr. d'huile.*

HECTOLITRES. | LITRES.	POIDS	HUILE	PRIX DU DOUBLE-DÉCALITRE. 3 50 ou 26 92 les 100 kil.	4 ou 30 76 les 100 kil.	4 50 ou 34 61 les 100 kil.	5 ou 38 46 les 100 kil.	5 50 ou 42 30 les 100 kil.	6 ou 46 15 les 100 kil.	PRIX complémres 0.25
	kil. gr.	kil. gr.	fr. c.	fr. c.	fr. c.	fr. c.	fr. c.	fr. c.	fr. c.
0 01	0 650	0 260	0 17	0 20	0 22	0 25	0 255	0 30	0 01
0 02	1 300	0 520	0 35	0 40	0 45	0 50	0 51	0 60	0 02
0 03	1 950	0 780	0 52	0 60	0 61	0 75	0 76	0 90	0 03
0 04	2 600	1 040	0 70	0 80	0 90	1 00	1 02	1 20	0 04
0 05	3 250	1 300	0 87	1 00	1 12	1 25	1 27	1 50	0 06
0 10	6 500	2 600	1 75	2 00	2 25	2 50	2 55	3 00	0 12
0 15	9 750	3 900	2 62	3 00	3 37	3 75	3 87	4 50	0 18
0 20	13 000	5 200	3 50	4 00	4 50	5 00	5 50	6 00	0 25
0 25	16 250	6 500	4 37	5 00	5 62	6 25	6 87	7 50	0 31
0 30	19 500	7 800	5 25	6 00	6 75	7 50	7 65	9 00	0 37
0 35	22 750	9 100	6 12	7 00	7 87	8 75	8 92	10 50	0 40
0 40	26 000	10 400	7 00	8 00	9 00	10 00	11 00	12 00	0 50
0 45	29 250	11 700	7 87	9 00	10 12	11 25	11 47	13 50	0 56
0 50	32 500	13 000	8 75	10 00	11 25	12 50	13 75	15 00	0 62
0 55	35 750	14 300	9 62	11 00	12 37	13 75	14 02	16 50	0 68
0 60	39 000	15 600	10 50	12 00	13 50	15 00	15 30	18 00	0 75
0 65	42 250	16 900	11 37	13 00	14 62	16 25	16 57	19 50	0 81
0 70	45 500	18 200	12 25	14 00	15 75	17 50	17 85	21 00	0 87
0 75	48 750	19 500	13 12	15 00	16 87	18 75	19 12	22 50	0 93
0 80	52 000	20 800	14 00	16 00	18 00	20 00	22 00	24 00	1 00
0 85	55 250	22 100	14 87	17 00	19 12	21 25	21 67	25 50	1 06
0 90	58 500	23 400	15 75	18 00	20 25	22 50	23 95	27 00	1 12
0 95	61 750	24 700	16 62	19 00	21 37	23 75	24 22	28 50	1 18
1 00	65 000	26 000	17 50	20 00	22 50	25 00	27 50	30 00	1 25

COLZA ET NAVETTE

Prix du Colza et de la Navette au kilo évalué en litres, hectolitres et en huile

13 *kilos valent* 20 *litres* (1 *double-décalitre*) *et rendent* 5 *kilos et* 200 *gr. d'huile.*

POIDS	HECTOLITRES. / LITRES.	HUILE	PRIX DU DOUBLE-DÉCALITRE.						PRIX complém^ts 0.25
			3 50 ou 26 92 les 100 kil.	4 ou 30 76 les 100 kil.	4 50 ou 34 61 les 100 kil.	5 ou 38 46 les 100 kil.	5 50 ou 42 30 les 100 kil.	6 ou 46 15 les 100 kil.	
kil. gr.		kil. gr.	fr. c.	fr. c.	fr. c.	fr. c.	fr. c.	fr. c.	fr. c.
1 00	1 53	0 400	0 26	0 30	0 34	0 38	0 42	0 46	0 01
2 00	3 07	0 800	0 53	0 61	0 75	0 76	0 84	0 92	0 03
3 00	4 61	1 200	0 80	0 92	1 03	1 15	1 26	1 38	0 05
4 00	6 15	1 600	1 07	1 23	1 50	1 53	1 69	1 84	0 07
5 00	7 69	2 000	1 34	1 53	1 73	1 92	2 11	2 30	0 09
10 00	15 38	4 000	1 69	3 07	3 46	3 84	4 23	4 61	0 19
15 00	23 07	6 000	4 03	4 60	5 19	5 76	6 34	6 91	0 28
20 00	30 76	8 000	5 38	6 14	6 92	7 68	8 46	9 22	0 38
25 00	38 46	10 000	6 73	7 64	8 65	9 61	10 57	11 53	0 48
30 00	46 14	12 000	8 07	9 21	10 38	11 52	12 69	13 83	0 57
35 00	53 83	14 000	9 41	10 74	12 11	13 44	14 80	16 13	0 66
40 00	61 52	16 000	10 76	12 28	13 84	15 36	16 72	18 44	0 76
45 00	69 21	18 000	12 10	13 81	15 57	17 78	19 03	20 74	0 85
50 00	76 92	20 000	13 46	15 38	17 10	19 23	21 15	23 07	0 96
55 00	84 59	22 000	14 39	16 88	19 03	21 12	23 26	25 35	1 04
60 00	92 28	24 000	16 14	18 42	20 76	23 04	25 38	27 66	1 14
65 00	99 97	26 000	17 48	19 95	22 49	24 96	27 49	29 96	1 23
70 00	107 66	28 000	18 83	21 49	24 22	26 88	29 61	32 27	1 33
75 00	115 35	30 000	20 17	23 02	25 95	28 80	31 72	34 57	1 42
80 00	123 04	32 000	21 52	24 56	27 68	30 72	33 44	36 81	1 52
85 00	130 73	34 000	22 86	26 09	29 41	32 64	35 95	39 18	1 61
90 00	138 42	36 000	24 21	27 63	31 14	34 56	38 37	41 49	1 71
95 00	146 11	38 000	25 55	29 16	32 87	36 48	40 18	43 79	1 80
100 00	153 84	40 000	26 92	30 76	34 61	38 46	42 30	46 15	1 92

COLZA ET NAVETTE

Prix du Colza et de la Navette au double-décal. évalué en kilos et en huile.

1 *double-décalitre pèse* 13 *kilos et rend* 5 *kilos et* 200 *grammes d'huile.*

DOUBLES-DÉCAL.	POIDS	HUILE	PRIX DU DOUBLE-DÉCALITRE.						PRIX compléme 0.25
			3 50 ou 26 92 les 100 kil.	4 ou 30 76 les 100 kil.	4 50 ou 34 61 les 100 kil.	5 ou 38 46 les 100 kil.	5 50 ou 42 30 les 100 kil.	6 ou 46 15 les 100 kil.	
	kil. gr.	kil. gr.	fr. c.	fr. c.	fr. c.	fr. c.	fr. c.	fr. c.	fr. c.
1 00	13 00	5 200	3 50	4 00	4 50	5 00	5 50	6 00	0 25
2 00	26 00	10 400	7 00	8 00	9 00	10 00	11 00	12 00	0 50
3 00	39 00	15 600	10 50	12 00	13 50	15 00	16 50	18 00	0 75
4 00	52 00	20 800	14 00	16 00	18 00	20 00	22 00	24 00	1 00
5 00	65 00	26 000	17 50	20 00	22 50	25 00	27 50	30 00	1 25
10 00	130 00	52 000	35 00	40 00	45 00	50 00	55 00	60 00	2 50
15 00	195 00	78 000	52 50	60 00	67 50	75 00	82 50	90 00	3 75
20 00	260 00	104 000	70 00	80 00	90 00	100 00	110 00	120 00	5 00
25 00	325 00	130 000	87 50	100 00	112 50	125 00	137 00	150 00	6 25
30 00	390 00	156 000	105 00	120 00	135 00	150 00	165 00	180 00	7 50
35 00	455 00	182 000	122 50	140 00	157 50	175 00	192 50	210 00	8 75
40 00	520 00	208 000	140 00	160 00	180 00	200 00	220 00	240 00	10 00
45 00	585 00	234 000	157 50	180 00	202 50	225 00	247 50	270 00	11 25
50 00	650 00	260 000	175 00	200 00	225 00	250 00	275 00	300 00	12 50
55 00	715 00	286 000	192 50	220 00	247 50	275 00	302 50	330 00	13 75
60 00	780 00	312 000	210 00	240 00	270 00	300 00	330 00	360 00	15 00
65 00	845 00	338 000	227 50	260 00	292 50	325 00	357 50	390 00	16 25
70 00	910 00	364 000	245 00	280 00	315 00	350 00	385 00	420 00	17 50
75 00	975 00	390 000	262 50	300 00	337 50	375 00	412 50	450 00	18 75
80 00	1040 00	416 000	280 00	320 00	360 00	400 00	440 00	480 00	20 00
85 00	1105 00	442 000	297 50	340 00	382 50	425 00	467 50	510 00	21 25
90 00	1170 00	468 000	315 00	360 00	405 00	450 00	495 00	540 00	22 50
95 00	1235 00	494 000	332 50	380 00	427 50	475 00	522 50	570 00	23 75
100 00	1300 00	520 000	350 00	400 00	450 00	500 00	550 00	600 00	25 00

COLZA ET NAVETTE

Prix du Colza et de la Navette au kilog. évalué en doubles-décal. et en huile.

13 *kilos valent* 1 *double-décalitre et rendent* 5 *kilos et* 200 *grammes d'huile.*

POIDS	DOUBLES-DÉCAL. | DOUBLES-DÉCIL.	HUILE	PRIX DU DOUBLE-DÉCALITRE						PRIX
			3 50 ou 26 92 les 100 kil.	4 ou 30 76 les 100 kil.	4 50 ou 34 61 les 100 kil.	5 ou 38 46 les 100 kil.	5 50 ou 42 30 les 100 kil.	6 ou 46 15 les 100 kil.	complémlre 0.25
kil. gr.		kil. gr.	fr. c.	fr. c.	fr. c.	fr. c.	fr. c.	fr. c.	fr. c.
1 00	0 076	0 400	0 26	0 30	0 34	0 38	0 42	0 46	0 01
2 00	0 15	0 800	0 53	0 61	0 75	0 77	0 84	0 92	0 03
3 00	0 22	1 200	0 80	0 92	1 03	1 15	1 26	1 38	0 05
4 00	0 30	1 600	1 07	1 23	1 50	1 53	1 69	1 84	0 07
5 00	0 38	2 000	1 34	1 53	1 73	1 92	2 11	2 30	0 09
10 00	0 76	4 000	2 69	3 07	3 46	3 84	4 23	4 61	0 19
15 00	1 14	6 000	4 03	4 60	5 19	5 76	6 34	6 91	0 28
20 00	1 52	8 000	5 38	6 14	6 92	7 68	8 46	9 22	0 38
25 00	1 92	10 000	6 73	7 69	8 65	9 61	10 57	11 53	0 48
30 00	2 28	12 000	8 07	9 21	10 38	11 52	12 69	13 83	0 57
35 00	2 66	14 000	9 41	10 74	12 11	13 44	14 80	16 13	0 66
40 00	3 04	16 000	10 76	12 28	13 84	15 36	16 92	18 44	0 76
45 00	3 42	18 000	12 10	13 81	15 57	17 28	19 03	20 74	0 85
50 00	3 84	20 000	13 46	15 38	17 30	19 23	21 15	23 07	0 96
55 00	4 18	22 000	14 79	16 88	19 03	21 12	23 26	25 35	1 04
60 00	4 56	24 000	16 14	18 42	20 90	23 04	25 38	57 66	1 14
65 00	4 94	26 000	17 48	19 95	22 49	24 96	27 49	29 96	1 23
70 00	5 32	28 000	18 83	21 49	24 22	26 88	29 61	32 27	1 33
75 00	5 70	30 000	20 17	23 02	25 95	28 80	31 72	34 57	1 42
80 00	6 08	32 000	21 52	24 56	27 68	30 72	33 81	36 88	1 52
85 00	6 46	34 000	22 86	26 09	29 41	32 64	35 95	39 18	1 61
90 00	6 84	36 000	24 21	27 63	31 14	34 56	38 07	41 49	1 71
95 00	7 22	38 000	25 55	29 16	32 87	36 48	40 18	43 79	1 80
100 00	7 69	40 000	26 92	30 76	34 61	38 46	42 30	46 15	1 92

HUILE DE COLZA ET DE NAVETTE

Prix de l'Huile de colza et de navette au kilog. évalué en litres et hectolitres.

5 *kilos* 200 *grammes d'huile proviennent de* 20 *litres, pesant* 13 *kilos de colza.*

HUILE	GRAINE	POIDS	PRIX DU DOUBLE-DÉCALITRE.						PRIX complém^{re} 0.25
			3 50 ou 26 92 les 100 kil.	4 ou 30 76 les 100 kil.	4 50 ou 34 61 les 100 kil.	5 ou 38 46 les 100 kil.	5 50 ou 42 30 les 100 kil.	6 ou 46 15 les 100 kil.	
kil. gr.	lit. centil.	kil. gr.	fr. c.	fr. c.	fr. c.	fr. c.	fr. c.	fr. c.	fr. c.
1 00	3 84	2 500	0 67	0 76	0 86	0 96	1 05	1 15	0 04
2 00	7 68	5 000	1 34	1 52	1 72	1 92	2 10	2 30	0 08
3 00	11 52	7 500	2 01	2 28	2 58	2 88	3 15	3 45	0 12
4 00	15 36	10 000	2 68	3 04	3 44	3 84	4 20	4 60	0 16
5 00	19 23	12 500	3 36	3 84	4 32	4 80	5 28	5 76	0 23
10 00	38 46	25 000	6 73	7 69	8 65	9 61	10 57	11 53	0 46
15 00	57 69	37 500	10 05	11 40	12 90	14 40	20 25	17 25	0 69
20 00	76 92	50 000	13 46	15 38	17 30	19 22	21 00	23 06	0 92
25 00	96 15	62 500	16 82	19 23	21 63	24 03	26 44	28 84	1 15
30 00	115 20	75 000	20 10	22 80	25 80	28 80	31 50	34 50	1 38
35 00	134 43	87 500	20 45	26 60	30 10	33 60	36 75	40 25	1 60
40 00	153 34	100 000	26 92	30 76	34 60	38 44	42 00	46 12	1 84
45 00	173 07	112 500	30 15	34 20	38 70	43 20	47 25	51 76	2 07
50 00	192 30	125 000	33 65	38 46	43 26	48 07	52 88	57 69	2 30
55 00	211 53	137 500	37 01	42 30	47 58	52 87	58 16	63 45	2 53
60 00	230 40	150 000	40 20	45 60	51 60	57 60	63 00	69 00	2 76
65 00	249 63	162 500	43 56	49 44	55 92	62 40	68 28	74 36	2 99
70 00	268 80	175 000	46 90	53 20	60 20	67 20	73 50	80 50	3 22
75 00	288 03	187 500	50 26	57 01	64 52	72 00	78 78	86 26	3 45
80 00	307 08	200 000	53 84	61 52	69 20	76 88	84 00	92 24	3 68
85 00	326 91	212 500	57 20	65 36	73 52	81 68	89 28	98 00	3 91
90 00	345 60	225 000	60 30	68 40	77 40	86 40	94 50	103 50	4 14
95 00	361 81	237 500	63 66	72 24	81 72	91 20	99 78	109 26	4 37
100 00	384 61	250 000	67 30	76 92	86 53	96 15	105 76	115 38	4 60

NOIX

Prix des Noix au litre et à l'hectol. évalués en kilos et en huile.

1 *hectolitre* (100 *litres*) *de noix rend* 12 *kilos et* 600 *grammes d'amandes, qui rendent* 8 *litres* 40 *centilitres d'huile.*

HECTOLITRES. | LITRES.	POIDS D'AMANDES	HUILE	PRIX DE L'HECTOLITRE. 8	10	12	14	16	18	PRIX complém^res 1
	kil. gr.	kil. gr.	fr. c.	fr. c.	fr. c.	fr. c.	fr. c.	fr. c.	fr. c.
0 01	0 126	0 084	0 08	0 10	0 12	0 14	0 16	0 18	0 01
0 02	0 252	0 168	0 16	0 20	0 24	0 28	0 32	0 36	0 02
0 03	0 378	0 252	0 24	0 30	0 36	0 42	0 48	0 54	0 03
0 04	0 514	0 336	0 32	0 40	0 48	0 56	0 64	0 72	0 04
0 05	0 630	0 42	0 40	0 50	0 60	0 70	0 80	0 90	0 05
0 10	1 260	0 84	0 80	1 00	1 20	1 40	1 60	1 80	0 10
0 15	1 890	1 26	1 20	1 50	1 80	2 10	2 40	2 70	0 15
0 20	2 520	1 68	1 60	2 00	2 40	2 80	3 20	3 60	0 20
0 25	3 150	2 10	2 00	2 50	3 00	3 50	4 00	4 50	0 25
0 30	3 780	2 52	2 40	3 00	3 60	4 20	4 80	5 40	0 30
0 35	4 510	2 94	2 80	3 50	4 20	4 90	5 60	6 30	0 35
0 40	5 040	3 36	3 20	4 00	4 80	5 60	6 40	7 20	0 40
0 45	5 670	3 78	3 60	4 50	5 40	6 30	7 20	8 10	0 45
0 50	6 300	4 10	4 00	5 00	6 00	7 00	8 00	9 00	0 50
0 55	6 930	4 62	4 40	5 50	6 60	7 70	8 80	9 90	0 55
0 60	7 560	5 04	4 80	6 00	7 20	8 40	9 60	10 80	0 60
0 65	8 190	5 46	5 20	6 50	7 80	9 10	10 40	11 70	0 65
0 70	9 020	5 88	5 60	7 00	8 40	9 80	11 20	12 60	0 70
0 75	9 450	6 30	6 00	7 50	9 00	10 50	12 00	13 50	0 75
0 80	10 080	6 72	6 40	8 00	9 60	11 20	12 80	14 40	0 80
0 85	10 710	7 14	6 80	8 50	10 20	11 90	13 60	15 30	0 85
0 90	11 340	7 56	7 20	9 00	10 80	12 60	14 40	16 20	0 90
0 95	11 970	7 98	7 60	9 50	11 40	13 30	15 20	17 10	0 95
1 00	12 600	8 40	8 00	10 00	12 00	14 00	16 00	18 00	1 00

NOIX

Prix des Noix au kil. d'amandes évalué en litres, hect. et en huile.

12 kilos 600 gr. d'amandes proviennent de 1 hect. de noix, et produisent 8 litres 40 centilitres d'huile.

POIDS D'AMANDES	LITRES DE NOIX	HUILE	PRIX DE L'HECTOLITRE. 8	10	12	14	16	18	PRIX complémre 1
kil. gr.	lit. centil.	lit. centil.	fr. c.	fr. c.	fr. c.	fr. c.	fr. c.	fr. c.	fr. c.
1 00	7 94	0 66	0 63	0 79	0 95	1 11	1 27	1 43	0 07
2 00	15 87	1 33	1 26	1 58	1 90	2 22	2 53	2 85	0 15
3 00	23 81	1 99	1 90	2 37	2 85	3 33	3 80	4 28	0 21
4 00	29 74	2 66	2 53	3 17	3 80	4 44	5 07	5 71	0 30
5 00	39 68	3 33	3 17	3 96	4 76	5 55	6 34	7 14	0 39
10 00	79 36	6 66	6 34	7 93	9 52	11 11	12 69	14 28	0 79
15 00	119 04	9 90	9 50	11 89	14 28	11 66	19 03	21 42	1 18
20 00	158 72	13 33	12 68	15 86	19 04	22 22	25 38	28 56	1 58
25 00	198 41	16 66	15 87	19 84	23 80	27 77	31 74	35 71	1 98
30 00	238 08	19 80	19 02	23 79	28 56	33 33	38 07	42 84	2 37
35 00	277 76	23 10	22 19	27 75	31 82	38 88	44 41	49 98	2 77
40 00	317 44	26 46	25 36	31 72	38 08	44 44	50 76	57 32	3 16
45 00	357 12	29 70	28 53	35 68	42 84	49 99	57 10	64 26	3 36
50 00	396 82	33 33	31 74	39 68	47 61	55 55	63 48	71 42	3 96
55 00	436 50	36 30	34 87	43 61	52 36	61 10	69 79	78 54	4 35
60 00	476 16	36 60	38 04	47 58	57 12	66 66	76 14	85 68	4 74
65 00	515 84	42 90	41 21	51 54	61 88	72 72	82 48	92 82	5 13
70 00	555 52	46 20	44 38	55 51	63 64	77 77	88 83	99 96	5 53
75 00	595 26	49 50	47 55	59 47	68 40	83 32	95 17	107 10	5 92
80 00	634 88	53 33	50 72	63 44	76 16	88 88	101 52	114 24	6 32
85 00	674 56	56 66	53 89	67 40	80 92	94 43	107 86	121 38	6 71
90 00	714 34	59 40	57 06	71 37	85 68	99 99	114 21	128 52	7 11
95 00	753 92	62 73	60 20	75 33	90 44	105 45	120 55	135 66	7 50
100 00	793 65	66 66	63 49	79 36	95 23	111 10	126 97	142 84	7 93

NOIX

Prix des Noix au double-décal. évalué en kil. d'amandes et en litres d'huile.

1 *double-décalitre, étant le cinquième de l'hectolitre, produira* 2 *kilos* 520 *grammes d'amandes, qui rendront* 1 *litre* 68 *centilitres d'huile.*

DOUBLES-DÉCAL.	POIDS D'AMANDES	HUILE	PRIX DE L'HECTOLITRE.						PRIX complémᵉⁿᵗ
			8	10	12	14	16	18	1
	kil. gr.	lit. centil.	fr. c.	fr. c.	fr. c.	fr. c.	fr. c.	fr. c.	fr. c.
1 00	2 500	1 68	1 60	2 00	2 40	2 80	3 20	3 60	0 30
2 00	5 040	3 36	3 20	4 00	4 80	5 60	6 40	7 20	0 40
3 00	7 560	5 04	4 80	6 00	7 20	8 40	9 60	10 80	0 60
4 00	10 080	6 72	6 40	8 00	9 60	11 20	12 80	14 40	0 80
5 00	12 600	8 40	8 00	10 00	12 00	14 00	16 00	18 00	1 00
10 00	25 200	16 80	16 00	20 00	24 00	28 00	32 00	36 00	2 00
15 00	37 800	25 20	24 00	30 00	36 00	42 00	48 00	54 00	3 00
20 00	50 400	33 60	32 00	40 00	48 00	56 00	64 00	72 00	4 00
25 00	63 000	42 00	40 00	50 00	60 00	70 00	80 00	90 00	5 00
30 00	75 600	50 40	48 00	60 00	72 00	84 00	96 00	108 00	6 00
35 00	88 200	58 80	56 00	70 00	84 00	98 00	112 00	126 00	7 00
40 00	100 800	67 20	64 00	80 00	96 00	112 00	128 00	144 00	8 00
45 00	113 400	75 60	72 00	90 00	108 00	126 00	144 00	162 00	9 00
50 00	126 000	84 00	80 00	100 00	120 00	140 00	160 00	180 00	10 00
55 00	138 600	92 40	88 00	110 00	132 00	154 00	176 00	198 00	11 00
60 00	151 200	100 80	96 00	120 00	144 00	168 00	192 00	216 00	12 00
65 00	163 800	109 20	104 00	130 00	156 00	182 00	208 00	234 00	13 00
70 00	176 400	117 60	112 00	140 00	168 00	196 00	224 00	252 00	14 00
75 00	189 000	126 00	120 00	150 00	180 00	210 00	240 00	270 00	15 00
80 00	201 600	134 40	128 00	160 00	192 00	224 00	256 00	288 00	16 00
85 00	214 200	142 80	136 00	170 00	204 00	238 00	272 00	306 00	17 00
90 00	226 800	151 20	144 00	180 00	216 00	252 00	288 00	324 00	18 00
95 00	239 400	159 60	152 00	190 00	228 00	266 00	304 00	342 00	19 00
100 00	252 000	168 00	160 00	200 00	240 00	280 00	320 00	360 00	20 00

HUILE DE NOIX

Prix de l'Huile de noix au litre évalué en kilos d'amandes et en litres de noix.

8 *litres* 40 *centil. d'huile proviennent de* 100 *litres de noix, pesant* 12 *kil.* 500 *gr. d'amandes.*

HUILE	POIDS D'AMANDES	LITRES DE NOIX	PRIX DE L'HECTOLITRE. 8	10	12	14	16	18	PRIX complém. 1
hect. lit.	kil. gr.		fr. c.	fr. c.	fr. c.	fr. c.	fr. c.	fr. c.	fr. c.
0 1	1 500	11 90	0 95	1 19	1 42	1 66	1 90	2 14	0 11
0 2	3 000	23 80	1 90	2 38	2 84	3 32	3 80	4 28	0 22
0 3	4 500	35 70	2 85	3 57	4 26	4 98	5 70	6 42	0 33
0 4	6 000	47 60	3 80	4 76	5 68	6 64	7 60	8 56	0 44
0 5	7 500	59 52	4 76	5 95	7 14	8 33	9 52	10 71	0 59
0 10	15 000	119 04	9 52	11 90	14 28	16 66	19 04	21 42	1 19
0 15	22 500	178 50	14 25	17 85	21 30	24 90	28 50	32 10	1 65
0 20	30 000	238 08	19 04	23 80	28 56	33 32	38 08	42 84	2 38
0 25	37 500	297 61	23 80	29 76	35 71	41 66	47 61	53 57	2 97
0 30	45 000	357 00	28 50	35 70	42 60	49 80	57 00	64 20	3 30
0 35	52 500	416 50	31 75	41 65	49 70	58 10	66 50	74 90	3 85
0 40	60 000	476 16	38 08	47 61	57 12	66 64	76 16	85 68	4 76
0 45	67 500	535 50	42 75	53 55	64 40	74 70	85 50	96 30	4 95
0 50	75 000	595 23	47 62	59 52	71 42	83 33	95 23	107 14	5 95
0 55	82 500	654 75	52 38	65 47	78 56	91 66	104 75	117 85	6 54
0 60	90 000	714 00	57 00	71 40	85 20	99 60	114 00	128 40	6 96
0 65	97 500	773 52	61 72	77 35	92 34	107 93	123 52	139 11	7 19
0 70	105 000	833 00	63 50	83 30	99 40	116 20	133 00	149 80	7 70
0 75	112 500	892 52	68 26	89 25	106 54	124 53	142 52	160 51	8 29
0 80	120 000	952 32	76 16	95 23	114 24	133 28	152 32	171 36	9 52
0 85	127 500	1011 84	80 92	101 18	121 38	141 61	161 84	182 07	10 11
0 90	135 000	1071 00	85 50	107 10	128 80	149 40	171 00	192 60	10 71
0 95	142 500	1130 52	90 26	113 05	135 94	157 73	180 52	203 31	11 30
1 00	150 000	1190 47	95 23	119 04	142 85	166 66	190 47	214 28	11 90

CHANVRE

ÉVALUATION DE LA RÉCOLTE

CONTENce	PRODUIT DE L'HECTARE EN KILOGRAMMES.								PRODUIT complémre
	MINIMUM.		MOYEN.				MAXIMUM.		
	300	350	400	450	500	550	600	650	50
hect. ares.									
0 01	3 00	3 50	4 00	4 50	5 00	5 50	6 00	6 50	0 50
0 02	6 00	7 00	8 00	9 00	10 00	11 00	12 00	13 00	1 00
0 03	9 00	10 50	12 00	13 50	15 00	16 50	18 00	19 50	1 50
0 04	12 00	14 00	16 00	18 00	20 00	22 00	24 00	26 00	2 00
0 05	15 00	17 50	20 00	22 50	25 00	27 50	30 00	32 50	2 50
0 10	30 00	35 00	40 00	45 00	50 00	55 00	60 00	65 00	5 00
0 15	45 00	52 50	60 00	67 50	75 00	82 50	90 00	97 50	7 50
0 20	60 00	70 00	80 00	90 00	100 00	110 00	120 00	130 00	10 00
0 25	75 00	87 50	100 00	112 50	125 00	137 50	150 00	162 50	12 50
0 30	90 00	105 00	120 00	135 00	150 00	165 00	180 00	195 00	15 00
0 35	105 00	122 50	140 00	157 50	175 00	192 50	210 00	227 50	17 50
0 40	120 00	140 00	160 00	180 00	200 00	220 00	240 00	260 00	20 00
0 45	135 00	157 50	180 00	202 50	225 00	247 50	270 00	292 50	22 50
0 50	150 00	175 00	200 00	225 00	250 00	275 00	300 00	325 00	25 00
0 55	165 00	192 50	220 00	247 50	275 00	302 50	330 00	357 50	27 50
0 60	180 00	210 00	240 00	270 00	300 00	330 00	360 00	390 00	30 00
0 65	195 00	227 50	260 00	292 50	325 00	357 50	390 00	422 50	32 50
0 70	210 00	245 00	280 00	315 00	350 00	385 00	420 00	455 00	35 00
0 75	225 00	262 50	300 00	337 50	375 00	432 50	450 00	487 50	37 50
0 80	240 00	280 00	320 00	360 00	400 00	440 00	480 00	520 00	40 00
0 85	255 00	297 50	340 00	382 50	425 00	467 50	510 00	552 50	42 50
0 90	270 00	315 00	360 00	405 00	450 00	495 00	540 00	585 00	45 00
0 95	285 00	322 50	380 00	427 50	475 00	522 50	570 00	617 50	47 50
1 00	300 00	350 00	400 00	450 00	500 00	550 00	600 00	650 00	50 00

CHANVRE

ÉVALUATION DE CETTE RÉCOLTE EN CHENEVIS.

CONTENces	PRODUIT DE L'HECTARE EN DOUBLES-DÉCALITRES.								PRODUIT
	MINIMUM.		MOYEN.				MAXIMUM.		complémre
	30	36	42	48	54	60	66	72	3
hect. ares.									
0 01	0 30	0 36	0 42	0 48	0 54	0 60	0 66	0 72	0 03
0 02	0 60	0 72	0 84	0 96	1 08	1 20	1 32	1 44	0 06
0 03	0 90	1 08	1 26	1 44	1 62	1 80	1 98	2 16	0 09
0 04	1 20	1 44	1 68	1 92	2 16	2 40	2 64	2 88	0 12
0 05	1 50	1 80	2 10	2 40	2 76	3 00	3 30	3 60	0 15
0 10	3 00	3 60	4 20	4 80	5 40	6 00	6 60	7 20	0 30
0 15	4 50	5 40	6 30	7 20	8 16	9 00	9 90	10 80	0 45
0 20	6 00	7 20	8 40	9 60	10 80	12 00	13 20	14 40	0 60
0 25	7 50	9 00	10 50	12 00	13 50	15 00	16 50	18 00	0 75
0 30	9 00	10 80	12 60	14 40	16 80	18 00	19 80	21 60	0 90
0 35	10 50	12 40	14 70	16 80	18 96	21 00	23 10	25 20	1 05
0 40	12 00	14 40	16 80	19 20	21 60	24 00	26 40	28 80	1 20
0 45	13 50	16 26	18 90	21 60	24 36	27 00	29 70	32 40	1 35
0 50	15 00	18 00	21 00	24 00	27 00	30 00	33 00	36 00	1 50
0 55	16 50	19 80	23 10	26 40	29 76	33 00	36 30	39 60	1 65
0 60	18 00	21 60	25 20	28 80	32 40	36 00	39 60	43 20	1 80
0 65	19 50	23 40	27 30	31 20	35 16	39 00	42 90	46 80	1 95
0 70	21 00	25 20	29 40	33 60	37 80	42 00	46 20	50 40	2 10
0 75	22 50	27 00	31 50	36 00	40 50	45 00	49 50	54 00	2 25
0 80	24 00	28 80	33 60	38 40	43 20	48 00	52 80	57 60	2 40
0 85	25 50	30 60	35 70	40 80	45 96	51 00	56 10	61 20	2 55
0 90	27 00	32 40	37 80	43 20	48 60	54 00	59 40	64 80	2 70
0 95	28 50	34 20	39 90	45 60	51 36	57 00	62 70	68 40	2 85
1 00	30 00	36 00	42 00	48 00	54 00	60 00	66 00	72 00	3 00

CHANVRE

PRIX DU CHANVRE

POIDS	PRIX DU CHANVRE AU KILOGRAMME.								PRIX compléme 0.25
	0 40	0 50	0 60	0 70	0 80	0 90	1	1 10	
kil. gr.	fr. c.	fr. c.	fr. c.	fr. c.	fr. c.	fr. c.	fr. c.	fr. c.	fr. c.
1 00	0 40	0 50	0 60	0 70	0 80	0 90	1 00	1 10	0 05
2 00	0 80	1 00	1 20	1 40	1 60	1 80	2 00	2 20	0 10
3 00	1 20	1 50	1 80	2 10	2 40	2 70	3 00	3 30	0 15
4 00	1 60	2 00	2 40	2 80	3 20	3 60	4 00	4 40	0 20
5 00	2 00	2 25	3 00	3 50	4 00	4 50	5 00	5 50	0 25
10 00	4 00	5 00	6 00	7 00	8 00	9 00	10 00	11 00	0 50
15 00	6 00	5 50	9 00	10 50	12 00	13 50	15 00	16 50	0 75
20 00	8 00	10 00	12 00	14 00	16 00	18 00	20 00	22 00	1 00
25 00	10 00	12 50	15 00	17 50	20 00	22 50	25 00	27 50	1 25
30 00	12 00	15 00	18 00	21 00	24 00	27 00	30 00	33 00	1 50
35 00	14 00	17 50	21 00	24 50	28 00	31 50	35 00	38 50	1 75
40 00	16 00	20 00	24 00	28 00	32 00	36 00	40 00	44 00	2 00
45 00	18 00	22 50	27 00	31 50	36 00	40 50	45 00	49 50	2 25
50 00	20 00	25 00	30 00	35 00	40 00	45 00	50 00	55 00	2 50
55 00	22 00	27 50	33 00	38 50	44 00	49 50	55 00	59 50	2 75
60 00	24 00	30 00	36 00	42 00	48 00	54 00	60 00	66 00	3 00
65 00	26 00	32 50	39 00	45 50	52 00	58 50	65 00	71 50	3 25
70 00	28 00	35 00	42 00	49 00	56 00	63 00	70 00	77 00	3 50
75 00	30 00	37 50	45 00	52 50	60 00	67 50	75 00	82 50	3 75
80 00	32 00	40 00	48 00	56 00	64 00	72 00	80 00	88 00	4 00
85 00	34 00	42 50	51 00	59 50	68 00	76 50	85 00	93 50	4 25
90 00	36 00	45 00	54 00	63 00	72 00	81 00	90 00	99 00	4 50
95 00	38 00	47 50	57 00	66 50	76 00	85 50	95 00	104 50	4 75
100 00	40 00	50 00	60 00	70 00	80 00	90 00	100 00	110 00	5 00

CHENEVIS

Prix de l'Huile de chenevis au kilog. évalué en litres, doubles-décal. et kilos.

2 *kilos* 970 *gr. d'huile proviennent de* 20 *litres* (1 *double-décal.*) *ou de* 12 *kilos de chenevis.*

HUILE	LITRES. CENTILITRES.	DOUBLES-DÉCAL. DOUBLES-DÉCIL.	POIDS DE CHENEVIS	PRIX DU DOUBLE-DÉCALITRE. 3	3 50	4	4 50	5	PRIX compléme 0.25
kil. gr.			kil. gr.	fr. c.	fr. c.	fr. c.	fr. c.	fr. c.	fr. c.
1 00	6 73	0 33	4 040	1 01	1 17	1 34	1 51	1 67	0 08
2 00	13 46	0 66	8 080	2 02	2 34	2 68	3 02	2 34	0 16
3 00	20 19	0 99	12 120	3 03	3 51	4 02	4 53	5 01	0 24
4 00	26 92	1 32	16 160	4 04	4 68	5 36	6 04	6 68	0 32
5 00	33 67	1 68	20 200	5 05	5 89	6 73	7 52	8 38	0 42
10 00	67 34	3 36	40 400	10 10	11 78	13 46	15 15	16 76	0 84
15 00	101 01	5 05	60 600	15 15	17 67	20 19	22 67	25 14	1 26
20 00	134 68	6 73	80 800	20 20	23 56	26 92	30 30	33 52	1 68
25 00	168 35	8 41	101 010	25 25	26 96	33 66	37 87	41 91	2 10
30 00	202 02	10 10	121 200	30 30	35 34	40 38	45 45	50 28	2 58
35 00	235 69	11 78	141 400	35 35	41 23	47 11	52 97	58 66	2 94
40 00	269 36	13 46	161 600	40 40	47 12	53 84	60 60	67 04	3 36
45 00	303 03	15 15	181 800	45 45	53 81	60 57	66 10	75 42	3 78
50 00	336 70	16 83	202 020	50 50	59 90	67 33	75 75	83 82	4 20
55 00	370 37	18 41	222 222	55 55	64 81	74 06	83 07	92 20	4 62
60 00	403 44	20 20	242 400	60 60	70 68	80 76	90 90	100 56	5 04
65 00	437 11	21 88	262 600	65 65	76 57	87 49	98 42	108 94	5 46
70 00	471 38	23 56	282 800	70 70	82 76	94 22	106 05	117 32	5 88
75 00	505 05	25 25	303 000	75 75	88 35	100 95	113 57	125 70	6 20
80 00	538 72	26 94	323 200	80 80	94 24	107 68	124 16	134 08	6 72
85 00	572 39	28 62	343 400	85 65	100 13	114 41	131 68	142 46	7 14
90 00	606 06	30 30	363 600	90 90	106 02	121 14	136 35	150 84	7 56
95 00	639 73	31 98	383 800	95 95	111 91	127 87	143 87	159 22	7 28
100 00	673 40	33 67	404 040	101 01	117 84	134 67	151 51	167 64	8 41

PROPRIÉTÉ EN VIGNES

ÉVALUATION DU SOL DES VIGNES

5 *francs de fermage proviennent de* 100 *francs en vigne.*

CONTENce	PRIX DE L'HECTARE EN VIGNE.								PRODUIT complémre 100
	MINIMUM.		MOYEN.				MAXIMUM.		
	Ferm. 165 Propr. 3,300	Ferm. 210 Prop. 4,200	Ferm. 255 Prop. 5,100	Ferm. 300 Prop. 6,000	Ferm. 345 Prop. 6,900	Ferm 390 Prop. 7,800	Ferm. 435 Prop. 8,700	Ferm. 420 Prop. 9,600	
hect. ares.	fr. c.	fr. c.	fr. c.	fr. c.	fr. c.	fr. c.	fr. c.	fr. c.	fr. c.
0 01	38 00	42 00	51 00	60 00	69 00	78 00	87 00	96 00	1 00
0 02	66 00	84 00	102 00	120 00	138 00	156 00	174 00	192 00	2 00
0 03	99 00	126 00	153 00	180 00	207 00	234 00	261 00	288 00	3 00
0 04	132 00	168 00	204 00	240 00	276 00	312 00	348 00	384 00	4 00
0 05	165 00	210 00	255 00	300 00	345 00	390 00	435 00	480 00	5 00
0 10	330 00	420 00	510 00	600 00	690 00	780 00	870 00	960 00	10 00
0 15	495 00	630 00	765 00	900 00	1035 00	1170 00	1305 00	1440 00	15 00
0 20	660 00	840 00	1020 00	1200 00	1380 00	1560 00	1740 00	1920 00	20 00
0 25	825 00	1050 00	1275 00	1500 00	1725 09	1950 00	2175 00	2400 00	25 00
0 30	990 00	1260 00	1530 00	1800 00	2070 00	2340 00	2610 00	2880 00	30 00
0 35	1155 00	1470 00	1785 00	2100 00	2415 00	2730 00	3045 00	3360 00	35 00
0 40	1320 00	1680 00	2040 00	2400 00	2760 00	3120 00	3480 00	3840 00	40 00
0 45	1485 00	1890 00	2295 00	2700 00	3105 00	3510 00	3915 00	4320 00	45 00
0 50	1650 00	2100 00	2550 00	3000 00	3450 00	3900 00	4350 00	4800 00	50 00
0 55	1815 00	2310 00	2805 00	3300 00	3795 00	4290 00	4785 00	5280 00	55 00
0 60	1980 00	2520 00	3060 00	3600 00	4140 00	4680 00	5130 00	5760 00	60 00
0 65	2145 00	2730 00	3315 00	3900 00	4485 00	5070 00	8655 00	6240 00	65 00
0 70	2210 00	2940 00	3570 00	4200 00	4830 00	5460 00	6090 00	6720 00	70 00
0 75	2375 00	3150 00	3825 00	4500 00	5175 00	5850 00	6525 00	7200 00	75 00
0 80	2640 00	3360 00	4080 00	4800 00	5520 00	6240 00	6960 00	7680 00	80 00
0 85	2805 00	3570 00	4335 00	5100 00	5865 00	6630 00	7395 00	8160 00	85 00
0 90	2970 00	3780 00	4590 00	5400 00	6210 00	7020 00	7830 00	8649 00	90 00
0 95	3135 00	3990 00	4845 00	5700 00	6555 00	7410 00	8265 00	9120 00	95 00
1 00	3300 00	4200 00	5100 00	6000 00	6900 00	7800 00	8700 00	9600 00	100 00

PROPRIÉTÉ EN VIGNES

ÉVALUATION DU FERMAGE DES VIGNES

100 *francs en vigne rapportent* 5 *francs de fermage.*

CONTENᶜᵉ	PRIX DU FERMAGE DES VIGNES PAR HECTARE.								PRODUIT complémʳᵉ 2
	MINIMUM.		MOYEN.				MAXIMUM.		
	Propr. 3,300 Ferm. 165	Prop. 4,200 Ferm. 210	Prop. 5,100 Ferm. 255	Prop. 6,000 Ferm. 300	Prop. 6,900 Ferm. 345	Prop. 7,800 Ferm. 390	Prop. 8,700 Ferm. 435	Prop. 9,600 Ferm. 480	
hect. ares.	fr. c.	fr. c.	fr. c.	fr. c.	fr. c.	fr. c.	fr. c.	fr. c.	fr. c.
0 01	1 65	2 10	2 55	3 00	3 45	3 90	4 35	4 80	0 02
0 02	3 30	4 20	5 10	6 00	6 90	7 80	8 70	9 60	0 04
0 03	4 95	6 30	7 65	9 00	10 35	11 70	13 05	14 40	0 06
0 04	6 60	8 40	10 20	12 00	13 80	15 60	17 40	19 20	0 08
0 05	8 25	10 50	12 75	15 00	17 25	19 50	21 75	24 00	0 10
0 10	16 50	21 00	25 50	30 00	34 50	39 00	43 50	48 00	0 20
0 15	24 75	31 50	38 25	45 00	51 75	58 50	65 25	72 00	0 30
0 20	33 00	42 00	51 00	60 00	69 00	78 00	87 00	96 00	0 40
0 25	41 25	52 50	63 75	75 00	86 25	97 50	108 75	120 00	0 50
0 30	49 50	63 00	76 50	90 00	103 50	117 00	130 50	144 00	0 60
0 35	57 75	73 50	89 25	105 00	120 75	136 50	158 25	168 00	0 70
0 40	66 00	84 00	102 00	120 00	138 00	156 00	174 00	192 00	0 80
0 45	74 25	90 50	114 75	135 00	155 25	175 50	195 75	216 00	0 90
0 50	82 50	105 00	127 50	150 00	172 50	195 00	217 50	240 00	1 00
0 55	90 75	115 50	140 25	165 00	189 75	214 50	239 25	264 00	1 10
0 60	99 00	126 00	153 00	180 00	207 00	234 00	261 00	288 00	1 20
0 65	107 25	136 50	165 75	195 00	224 25	253 50	282 75	312 00	1 30
0 70	115 50	147 00	178 50	210 00	241 50	273 00	304 50	336 00	1 40
0 75	124 75	157 50	190 25	225 00	258 75	292 50	326 25	360 00	1 50
0 80	132 00	168 00	204 00	240 00	276 00	312 00	348 00	384 00	1 60
0 85	140 25	178 50	216 75	255 00	293 25	331 50	369 75	408 00	1 70
0 90	148 50	189 00	229 50	270 00	310 50	351 00	391 50	432 00	1 80
0 95	156 75	199 50	242 25	285 00	327 75	370 50	413 25	456 00	1 90
1 00	165 00	210 00	255 00	300 00	345 00	390 00	435 00	480 00	2 00

VIGNES

ÉVALUATION DE LA RÉCOLTE EN RAISINS BROYÉS

CONTENces	PRODUIT DE L'HECTARE EN HECTOLITRES.								PRODUIT
	MINIMUM.		MOYEN.				MAXIMUM.		complémre
	10	20	30	40	50	60	70	80	5
hect. ares.									
0 01	0 10	0 20	0 30	0 40	0 50	0 60	0 70	0 80	0 05
0 02	0 20	0 40	0 60	0 80	1 00	1 20	1 40	1 60	0 10
0 03	0 30	0 60	0 90	1 20	1 50	1 80	2 10	2 40	0 15
0 04	0 40	0 80	1 20	1 60	2 00	2 40	2 80	3 20	0 20
0 05	0 50	1 00	1 50	2 00	2 50	3 00	3 50	4 00	0 25
0 10	1 00	2 00	3 00	4 00	5 00	6 00	7 00	8 00	0 50
0 15	1 50	3 00	4 50	6 00	7 50	9 00	10 50	12 00	0 75
0 20	2 00	4 00	6 00	8 00	10 00	12 00	14 00	16 00	1 00
0 25	2 50	5 00	7 50	10 00	12 50	15 00	17 50	20 00	1 25
0 30	3 00	6 00	9 00	12 00	15 00	18 00	21 00	24 00	1 50
0 35	3 50	7 00	10 50	14 00	17 50	21 00	24 50	28 00	1 75
0 40	4 00	8 00	12 00	16 00	20 00	24 00	28 00	32 00	2 00
0 45	4 50	9 00	13 50	18 00	22 50	27 00	31 50	36 00	2 25
0 50	5 00	10 00	15 00	20 00	25 00	30 00	35 00	40 00	2 50
0 55	5 50	11 00	16 50	22 00	27 50	33 00	38 50	44 00	2 75
0 60	6 00	12 00	18 00	24 00	30 00	36 00	42 00	48 00	3 00
0 65	6 50	13 00	19 50	26 00	32 50	39 00	45 50	52 00	3 25
0 70	7 00	14 00	21 00	28 00	35 00	42 00	49 00	56 00	3 50
0 75	7 50	15 00	22 50	30 00	37 50	45 00	52 50	60 00	3 75
0 80	8 00	16 00	24 00	32 00	40 00	48 00	56 00	64 00	4 00
0 85	8 50	17 00	25 50	34 00	42 50	51 00	59 50	68 00	4 25
0 90	9 00	18 00	27 00	36 00	45 00	54 00	63 00	72 00	4 50
0 95	9 50	19 00	28 50	38 00	47 50	57 00	66 50	76 00	4 75
1 00	10 00	20 00	30 00	40 00	50 00	60 00	70 00	80 00	5 00

VIGNES

Produits des Raisins broyés en vin et en marc, et du marc en eau-de-vie.

12 *hectolitres de raisins broyés font* 10 *hectolitres de vin et* 2 *hectolitres de marc, qui font* 8 *litres d'alcool ou* 16 *litres d'eau-de-vie.*

PRODUITS PAR LITRES DE RAISINS BROYÉS.			
RAISINS	VIN	MARC	EAU-DE-VIE
hect. litre.	lit. centil.	lit. centil.	lit. centil.
0 01	0 83	0 16	0 01
0 02	1 66	0 33	0 02
0 03	2 49	0 49	0 03
0 04	3 33	0 66	0 05
0 05	4 16	0 83	0 06
0 10	8 22	1 66	0 13
0 15	12 38	2 49	0 18
0 20	16 44	3 32	0 26
0 25	20 83	4 16	0 32
0 30	24 66	4 98	0 39
0 35	28 82	5 81	0 45
0 40	32 88	6 64	0 52
0 45	37 04	7 47	0 54
0 50	41 66	8 33	0 65
0 55	45 82	9 16	0 76
0 60	49 32	9 96	0 78
0 65	53 48	10 79	0 84
0 70	57 51	11 62	0 91
0 75	61 70	12 45	0 97
0 80	65 76	13 28	1 04
0 85	69 92	14 11	1 10
0 90	73 98	14 94	1 17
0 95	78 14	15 77	1 23
1 00	83 33	16 66	1 33

PRODUITS PAR HECTOL. DE RAISINS BROYÉS.			
RAISINS	VIN	MARC	EAU-DE-VIE
hectol.	h. l. c.	h. l. c.	h. l. c.
1 00	83 33	16 66	1 33
2 00	1 66 66	33 32	2 66
3 00	2 49 99	49 98	3 99
4 00	3 33 33	66 64	5 32
5 00	4 16 66	83 33	6 66
10 00	8 33 33	1 66 66	13 33
15 00	12 49 99	2 49 99	19 99
20 00	16 66 66	3 33 32	26 66
25 00	20 83 32	4 16 66	33 33
30 00	24 99 99	4 99 98	39 99
35 00	29 16 65	5 83 31	46 65
40 00	33 33 33	6 66 64	53 32
45 00	37 49 98	7 49 97	59 98
50 00	41 66 66	8 33 33	66 66
55 00	45 83 32	9 16 66	73 32
60 00	49 99 98	9 99 96	79 98
65 00	54 16 64	10 83 29	86 69
70 00	59 33 31	11 66 62	93 31
75 00	63 49 97	12 49 95	99 97
80 00	66 66 64	13 33 28	1 06 64
85 00	70 83 30	14 16 61	1 13 30
90 00	74 99 97	14 99 94	1 19 97
95 00	78 16 63	15 83 27	1 26 63
100 00	83 33 33	16 66 66	1 33 33

VIGNES

Prix et poids du vin au litre et à l'hect. évalué en litres et hect. de raisins broyés.

1 *hectolitre de vin pèse* 100 *kilos et provient de* 1 *hectol.* 20 *litres de raisins broyés.*

VIN	POIDS	RAISINS BROYÉS	PRIX DE L'HECTOLITRE DE VIN.						PRIX complém^re 1
			15 ou 15 les 100 kil.	20 ou 20 les 100 kil.	25 ou 25 les 100 kil.	30 ou 30 les 100 kil.	35 ou 35 les 100 kil.	40 ou 40 les 100 kil.	
hect. lit.	kil. gr.	h. l. c.	fr. c.	fr. c.	fr. c.	fr. c.	fr. c.	fr. c.	fr. c.
0 1	1 00	1 20	0 15	0 20	0 25	0 30	0 35	0 40	0 01
0 2	2 00	2 40	0 30	0 40	0 50	0 60	0 70	0 80	0 02
0 3	3 00	3 60	0 45	0 60	0 75	0 90	1 05	1 20	0 03
0 4	4 00	5 00	0 60	0 90	1 00	1 20	1 40	1 60	0 04
0 5	5 00	6 00	0 75	1 00	1 25	1 50	1 75	2 00	0 05
0 10	10 00	12 00	1 50	2 00	2 50	3 00	3 50	4 00	0 10
0 15	15 00	18 00	2 25	3 00	3 75	4 50	5 25	6 00	0 15
0 20	20 00	24 00	3 00	4 00	5 00	6 00	7 00	8 00	0 20
0 25	25 00	30 00	3 75	5 00	6 25	7 50	8 75	10 00	0 25
0 30	30 00	36 00	4 50	6 00	7 50	9 00	10 50	12 00	0 30
0 35	35 00	42 00	5 25	7 00	8 75	10 50	12 25	14 00	0 35
0 40	40 00	48 00	6 00	8 00	10 00	12 00	14 00	16 00	0 40
0 45	45 00	54 00	6 75	9 00	11 25	13 50	16 75	18 00	0 45
0 50	50 00	60 00	7 50	10 00	12 50	15 00	17 50	20 00	0 50
0 55	55 00	66 00	8 25	11 00	13 75	16 50	20 35	22 00	0 55
0 60	60 00	72 00	9 00	12 00	15 00	18 00	21 00	24 00	0 60
0 65	65 00	78 00	9 75	13 00	16 25	19 50	22 75	26 00	0 65
0 70	70 00	84 00	10 50	14 00	17 50	21 00	24 50	28 00	0 70
0 75	75 00	90 00	11 25	15 00	18 75	22 50	26 25	30 00	0 75
0 80	80 00	96 00	12 00	16 00	20 00	24 00	28 00	32 00	0 80
0 85	85 00	1 02 00	12 75	17 00	21 25	25 50	29 75	34 00	0 85
0 90	90 00	1 08 00	13 50	18 00	22 50	27 00	31 50	36 00	0 90
0 95	95 00	1 14 00	14 25	19 00	23 75	28 50	33 25	38 00	0 95
1. 00	100 00	1 20 00	15 00	20 00	25 00	30 00	35 00	40 00	1 00

VIGNES

Prix et poids de l'Eau-de-Vie par litres et hect. évalués en litres et hect. de marc.

1 *hectolitre d'eau-de-vie pèse* 100 *kilos et provient de* 12 *hectol. de marc de raisin.*

EAU-DE-VIE	POIDS	MARC	PRIX DE L'HECTOLITRE D'EAU-DE-VIE.						PRIX complémre 2
			50 ou 50 les 100 kil.	60 ou 60 les 100 kil.	70 ou 70 les 100 kil.	80 ou 80 les 100 kil.	90 ou 90 les 100 kil.	100 ou 100 les 100 kil.	
hect. lit.	kil. gr.	hect. lit.	fr. c.	fr. c.	fr. c.	fr. c.	fr. c.	fr. c.	fr. c.
0 01	1 00	0 12	0 50	0 60	0 70	0 80	0 90	1 00	0 02
0 02	2 00	0 25	1 00	1 20	1 40	1 60	1 80	2 00	0 04
0 03	3 00	0 37	1 50	1 80	2 10	2 40	2 70	3 00	0 06
0 04	4 00	0 50	2 00	2 40	2 80	3 20	3 60	4 00	0 08
0 05	5 00	0 62	2 50	3 00	3 50	4 00	4 50	5 00	0 10
0 10	10 00	1 25	5 00	6 00	7 00	8 00	9 00	10 00	0 20
0 15	15 00	1 87	7 50	9 00	10 50	12 00	13 50	15 00	0 30
0 20	20 00	2 50	10 00	12 00	14 00	16 00	18 00	20 00	0 40
0 25	25 00	3 12	12 50	15 00	17 50	20 00	22 53	25 00	0 50
0 30	30 00	3 75	15 00	18 00	21 00	24 00	27 00	30 00	0 60
0 35	35 00	4 37	17 50	21 00	24 50	28 00	31 50	35 00	0 70
0 40	40 00	5 00	20 00	24 00	28 00	32 00	36 00	40 00	0 80
0 45	45 00	5 62	22 50	27 00	31 50	36 00	40 50	45 00	0 90
0 50	50 00	6 25	25 00	30 00	35 00	40 00	45 00	50 00	1 00
0 55	55 00	6 87	27 50	33 00	38 50	44 00	49 50	55 00	1 10
0 60	60 00	7 50	30 00	36 00	42 00	48 00	54 00	60 00	1 20
0 65	65 00	8 12	32 50	39 00	45 50	52 00	58 50	65 00	1 30
0 70	70 00	8 75	35 00	42 00	49 00	56 00	63 00	70 00	1 40
0 75	75 00	9 37	37 50	45 00	52 50	60 00	67 50	75 00	1 50
0 80	80 00	10 00	40 00	48 00	56 00	64 00	72 00	80 00	1 60
0 85	85 00	10 62	42 50	51 00	59 50	68 00	76 50	85 00	1 70
0 90	90 00	11 25	45 00	53 00	63 00	72 00	80 00	90 00	1 80
0 95	95 00	11 87	47 50	57 00	66 50	76 00	85 50	95 00	1 90
1 00	100 00	12 50	50 00	60 00	70 00	80 00	90 00	100 00	2 00

PROPRIÉTÉ EN PRÉS

ÉVALUATION DU SOL DES PRÉS

4 *francs de fermage proviennent de* 100 *fr. de propriété en pré.*

CONTENces.	PRIX DE L'HECTARE DE PRÉ.								PRODUIT complém.re 100
	MINIMUM.		MOYEN.				MAXIMUM.		
	Ferm. 128 Propr. 3,200	Ferm. 144 Prop. 3,600	Ferm. 160 Prop. 4,000	Ferm. 176 Prop. 4,400	Ferm. 192 Prop. 4,800	Ferm 208 Prop. 5,200	Ferm. 224 Prop. 5,600	Ferm. 240 Prop. 6,000	
hect. ares.	fr. c.	fr. c.	fr. c.	fr. c.	fr. c.	fr. c.	fr. c.	fr. c.	fr. c.
0 01	32 00	36 00	40 00	44 00	48 00	92 00	56 00	60 00	1 00
0 02	64 00	72 00	80 00	88 00	96 00	104 00	112 00	120 00	2 00
0 03	96 00	108 00	120 00	132 00	144 00	156 00	168 00	180 00	3 00
0 04	128 00	144 00	160 00	176 00	192 00	208 00	224 00	240 00	4 00
0 05	160 00	180 00	200 00	220 00	240 00	260 00	280 00	300 00	5 00
0 10	320 00	360 00	400 00	440 00	480 00	520 00	560 00	600 00	10 00
0 15	480 00	540 00	600 00	660 00	720 00	780 00	840 00	900 00	15 00
0 20	640 00	720 00	800 00	880 00	960 00	1040 00	1120 00	1200 00	20 00
0 25	800 00	900 00	1000 00	1130 00	1200 00	1300 00	1400 00	1500 00	25 00
0 30	960 00	1080 00	1200 00	1320 00	1440 00	1560 00	1680 00	1800 00	30 00
0 35	1020 00	1260 00	1400 00	1540 00	1680 00	1820 00	1960 00	2100 00	35 00
0 40	1280 00	1440 00	1600 00	1760 00	1920 00	2080 00	2240 00	2400 00	40 00
0 45	1440 00	1620 00	1800 00	1980 00	2360 00	2340 00	2520 00	2700 00	45 00
0 50	1600 00	1800 00	2000 00	2200 00	2400 00	2600 00	2800 00	3000 00	50 00
0 55	1760 00	1980 00	2200 00	2400 00	2640 00	2860 00	3080 00	3300 00	55 00
0 60	1920 00	2160 00	2400 00	2640 00	2880 00	3120 00	3360 00	3600 00	60 00
0 65	2080 00	2340 00	2600 00	2860 00	3120 00	3380 00	3640 00	3900 00	65 00
0 70	2240 00	2520 00	2800 00	3080 00	3360 00	3640 00	3920 00	4200 00	70 00
0 75	2400 00	2700 00	3000 00	3300 00	3600 00	3900 00	4200 00	4500 00	75 00
0 80	2560 00	2880 00	3200 00	3520 00	3840 00	4160 00	4480 00	4800 00	80 00
0 85	2720 00	3060 00	3400 00	3740 00	4080 00	4420 00	4740 00	5100 00	85 00
0 90	2880 00	3240 00	3600 00	3960 00	4320 00	4680 00	5040 00	5400 00	90 00
0 95	3040 00	3420 00	3800 00	4180 00	4560 00	4940 00	5320 00	5700 00	95 00
1 00	3200 00	3600 00	4000 00	4400 00	4800 00	5200 00	5600 00	6000 00	100 00

PROPRIÉTÉ EN PRÉS

ÉVALUATION DU FERMAGE DES PRÉS

100 *francs en pré rapportent* 4 *francs de fermage.*

CONTENᶜᵉ	PRIX DU FERMAGE DES PRÉS PAR HECTARE. MINIMUM.		MOYEN.				MAXIMUM.		PRODUIT compléᵐᵉ 2
	Propr. 3,200 Ferm. 128	Prop. 3,600 Ferm. 144	Prop. 4,000 Ferm. 160	Prop. 4,400 Ferm. 176	Prop. 4,800 Ferm. 192	Prop. 5,200 Ferm. 208	Prop. 5,600 Ferm. 224	Prop. 6,000 Ferm. 240	
hect. ares.	fr. c.	fr. c.	fr. c.	fr. c.	fr. c.	fr. c.	fr. c.	fr. c.	fr. c.
0 01	1 28	1 44	1 60	1 76	1 92	2 08	2 24	2 40	0 02
0 02	2 56	2 88	3 20	3 52	3 84	4 16	4 48	4 80	0 04
0 03	3 84	4 32	4 80	5 28	5 76	6 24	6 72	7 20	0 06
0 04	5 12	5 76	6 40	7 04	7 68	8 32	8 96	9 60	0 08
0 05	6 40	7 20	8 00	8 80	9 60	10 40	11 20	12 00	0 10
0 10	12 80	14 40	16 00	17 60	19 20	20 80	22 40	24 00	0 20
0 15	19 20	21 60	24 00	26 40	28 80	31 20	33 60	36 00	0 30
0 20	25 60	28 80	32 00	35 20	38 40	41 60	44 80	48 00	0 40
0 25	32 00	36 00	40 00	44 00	48 00	52 00	56 00	60 00	0 50
0 30	38 40	43 20	48 00	52 80	57 60	62 40	67 40	72 00	0 60
0 35	44 80	50 40	56 00	61 60	67 20	72 80	78 60	84 00	0 70
0 40	51 20	57 60	64 00	70 40	76 80	83 20	89 80	96 00	0 80
0 45	57 60	64 80	72 00	79 20	86 40	93 60	101 00	108 00	0 90
0 50	64 00	72 00	80 00	88 00	96 00	104 00	112 00	120 00	1 00
0 55	70 40	79 20	88 00	96 80	105 60	114 40	123 20	132 00	1 10
0 60	76 80	86 40	96 00	105 60	115 20	124 80	134 40	144 00	1 20
0 65	83 20	93 60	104 00	114 40	124 80	135 20	145 60	156 00	1 30
0 70	89 60	100 80	112 00	123 20	134 40	145 60	156 80	168 00	1 40
0 75	96 00	108 00	120 00	132 00	144 00	156 00	168 00	180 00	1 50
0 80	102 40	115 20	128 00	140 80	153 60	166 40	179 20	192 00	1 60
0 85	108 80	122 40	136 00	149 60	163 20	176 80	190 40	204 00	1 70
0 90	115 20	129 60	144 00	158 40	172 80	187 20	201 60	216 00	1 80
0 95	121 60	136 80	152 00	167 20	183 60	197 60	212 80	228 00	1 90
1 00	128 00	144 00	160 00	176 00	192 00	208 00	224 00	240 00	2 00

PRÉS NATURELS

ÉVALUATION DE LA RÉCOLTE

CONTENᶜᵉ	PRODUIT DE L'HECTARE EN KILOS DE FOIN.								PRODUIT complémᵉʳ 100 kil.
	MINIMUM.		MOYEN.				MAXIMUM.		
	1,500 kil.	2,000 kil.	2,500 kil.	3,000 kil.	3,500 kil.	4,000 kil.	4,500 kil.	5,000 kil.	
hect. ares.									
0 01	15 00	20 00	25 00	30 00	35 00	40 00	45 00	50 00	1 00
0 02	30 00	40 00	50 00	60 00	70 00	80 00	90 00	100 00	2 00
0 03	45 00	60 00	75 00	90 00	105 00	120 00	135 00	150 00	3 00
0 04	60 00	80 00	100 00	120 00	140 00	160 00	180 00	200 00	4 00
0 05	75 00	100 00	125 00	150 00	175 00	200 00	225 00	250 00	5 00
0 10	150 00	200 00	250 00	300 00	350 00	400 00	450 00	500 00	10 00
0 15	225 00	300 00	375 00	450 00	525 00	600 00	675 00	750 00	15 00
0 20	300 00	400 00	500 00	600 00	700 00	800 00	900 00	1000 00	20 00
0 25	375 00	500 00	625 00	750 00	875 00	1000 00	1125 00	1250 00	25 00
0 30	450 00	600 00	750 00	900 00	1050 00	1200 00	1350 00	1500 00	30 00
0 35	525 00	700 00	775 00	1050 00	1225 00	1400 00	1575 00	1750 00	35 00
0 40	600 00	800 00	1000 00	1200 00	1400 00	1600 00	1800 00	2000 00	40 00
0 45	675 00	900 00	1125 00	1350 00	1575 00	1800 00	2025 00	2250 00	45 00
0 50	750 00	1000 00	1250 00	1500 00	1250 00	2000 00	2250 00	2500 00	50 00
0 55	825 00	1100 00	1375 00	1650 00	1425 00	2200 00	2475 00	2750 00	55 00
0 60	900 00	1200 00	1500 00	1800 00	2100 00	2400 00	2700 00	3000 00	60 00
0 65	975 00	1300 00	1625 00	1950 00	2275 00	2600 00	2925 00	3250 00	65 00
0 70	1050 00	1400 00	1750 00	2100 00	2450 00	2800 00	3150 00	3500 00	70 00
0 75	1125 00	1500 00	1875 00	2250 00	2625 00	3000 00	3375 00	3750 00	75 00
0 80	1200 00	1600 00	2000 00	2400 00	2800 00	3200 00	3600 00	4000 00	80 00
0 85	1275 00	1700 00	2125 00	2550 00	2975 00	3400 00	3825 00	4250 00	85 00
0 90	1350 00	1800 00	2250 00	2700 00	3150 00	3600 00	4050 00	4500 00	90 00
0 95	1425 00	1900 00	2375 00	2850 00	3325 00	3800 00	4275 00	4750 00	95 00
1 00	1500 00	2000 00	2500 00	3000 00	3500 00	4000 00	4500 00	5000 00	100 00

PRÉS NATURELS

PRIX DES FOINS

POIDS	PRIX DES 100 KILOS DE FOIN.								PRIX complém^ts
	4 les 100 kil.	6 les 100 kil.	8 les 100 kil.	10 les 100 kil.	12 les 100 kil.	14 les 100 kil.	16 les 100 kil.	18 les 100 kil.	1 les 100 k.
kil. gr.	fr. c.	fr. c.	fr. c.	fr. c.	fr. c.	fr. c.	fr. c.	fr. c.	fr. c.
1 00	0 04	0 06	0 08	0 10	0 12	0 14	0 16	0 18	0 01
2 00	0 08	0 12	0 16	0 20	0 24	0 28	0 32	0 36	0 02
3 00	0 12	0 18	0 24	0 30	0 36	0 42	0 48	0 54	0 03
4 00	0 16	0 24	0 32	0 40	0 48	0 56	0 64	0 72	0 04
5 00	0 20	0 30	0 40	0 50	0 60	0 70	0 80	0 90	0 05
10 00	0 40	0 60	0 80	1 10	1 20	1 40	1 60	1 80	0 10
15 00	0 60	0 90	1 20	1 60	1 80	2 10	2 40	2 70	0 15
20 00	0 80	1 20	1 60	2 20	2 40	2 80	3 20	3 60	0 20
25 00	1 00	1 50	2 00	2 50	3 00	3 50	4 00	4 50	0 25
30 00	1 20	1 80	2 40	3 00	3 60	4 20	4 80	5 40	0 30
35 00	1 40	2 10	2 80	3 50	4 20	4 90	5 60	6 30	0 35
40 00	1 60	2 40	3 20	4 40	4 80	5 60	6 40	7 20	0 40
45 00	1 80	2 70	3 60	4 90	5 40	6 30	7 20	8 10	0 45
50 00	2 00	3 00	4 00	5 00	6 00	7 00	8 00	9 00	0 50
55 00	2 20	3 30	4 40	5 50	6 60	7 70	8 80	9 90	0 55
60 00	2 40	3 60	4 80	6 00	7 20	8 40	9 60	10 80	0 60
65 00	2 60	3 90	5 20	6 50	7 80	9 10	10 40	11 70	0 65
70 00	2 80	4 20	5 60	7 00	8 40	9 80	11 20	12 60	0 70
75 00	3 00	4 50	6 00	7 50	9 00	10 50	12 00	13 50	0 75
80 00	3 20	4 80	6 40	8 00	9 60	11 20	12 80	14 40	0 80
85 00	3 40	5 10	6 80	8 50	10 20	11 90	13 60	15 30	0 85
90 00	3 60	5 40	7 20	9 00	10 80	12 60	14 40	16 20	0 90
95 00	3 80	5 70	7 60	9 50	11 40	13 30	15 20	17 10	0 95
100 00	4 00	6 00	8 00	10 00	12 00	14 00	16 00	18 00	1 00

PRÉS ARTIFICIELS, TRÈFLE ET LUZERNE

ÉVALUATION DE LA RÉCOLTE.

CONTEN^ces	PRODUIT DE L'HECTARE EN KILOS DE FOIN.								PRODUIT complém.
	MINIMUM.		MOYEN.				MAXIMUM.		
	2,500 kil.	3,000 kil.	3,500 kil.	4,000 kil.	4,500 kil.	5,000 kil.	5,500 kil.	6,000 kil.	100 kil.
hect. ares.									
0 01	25 00	30 00	35 00	40 00	45 00	50 00	55 00	60 00	1 00
0 02	50 00	60 00	70 00	80 00	90 00	100 00	110 00	120 00	2 00
0 03	75 00	90 00	105 00	120 00	135 00	150 00	165 00	180 00	3 00
0 04	100 00	120 00	140 00	160 00	180 00	200 00	220 00	240 00	4 00
0 05	125 00	150 00	175 00	200 00	225 00	250 00	275 00	300 00	5 00
0 10	250 00	300 00	350 00	400 00	450 00	500 00	550 00	600 00	10 00
0 15	375 00	450 00	525 00	600 00	675 00	750 00	825 00	900 00	15 00
0 20	500 00	600 00	700 00	800 00	900 00	1000 00	1100 00	1200 00	20 00
0 25	625 00	750 00	875 00	1000 00	1125 00	1250 00	1375 00	1500 00	25 00
0 30	750 00	900 00	1050 00	1200 00	1350 00	1510 00	1650 00	1800 00	30 00
0 35	875 00	1050 00	1175 00	1400 00	1525 00	1750 00	1925 00	2100 00	35 00
0 40	1000 00	1200 00	1400 00	1600 00	1800 00	2000 00	2200 00	2400 00	40 00
0 45	1125 00	1350 00	1575 00	1800 00	2025 00	2250 00	2475 00	2700 00	45 00
0 50	1250 00	1500 00	1750 00	2000 00	2250 00	2500 00	2750 00	3000 00	50 00
0 55	1375 00	1650 00	1925 00	2200 00	2475 00	2750 00	3025 00	3300 00	55 00
0 60	1500 00	1800 00	2100 00	2400 00	2700 00	3000 00	3300 00	3600 00	60 00
0 65	1625 00	1950 00	2275 00	2600 00	2925 00	3250 00	3575 00	3900 00	65 00
0 70	1750 00	2100 00	2450 00	2800 00	3150 00	3500 00	3850 00	4200 00	70 00
0 75	1875 00	2250 00	2625 00	3000 00	3375 00	3750 00	4125 00	4500 00	75 00
0 80	2000 00	2400 00	2800 00	3200 00	3600 00	4000 00	4400 00	4800 00	80 00
0 85	2125 00	2550 00	2975 00	3400 00	3825 00	4250 00	4675 00	5100 00	85 00
0 90	2250 00	2700 00	3150 00	3600 00	4050 00	4500 00	4950 00	5400 00	90 00
0 95	2375 00	2850 00	3325 00	3800 00	4275 00	4750 00	4525 00	5700 00	95 00
1 00	2500 00	3000 00	3500 00	4000 00	4500 00	5000 00	5500 00	6000 00	100 00

PRÉS ARTIFICIELS, TRÈFLE ET LUZERNE

PRIX DES FOINS

POIDS	PRIX DES 100 KILOS DE LUZERNE ET DE TRÈFLE.								PRIX complém^re 0.50
	1	2	4	6	8	10	12	14	
kil. gr.	fr. c.	fr. c.	fr. c.	fr. c.	fr. c.	fr. c.	fr. c.	fr. c.	fr. c.
1 00	0 01	0 02	0 04	0 06	0 08	0 10	0 12	0 14	0 005
2 00	0 02	0 04	0 08	0 12	0 16	0 20	0 24	0 28	0 010
3 00	0 03	0 06	0 12	0 18	0 24	0 30	0 36	0 42	0 015
4 00	0 04	0 08	0 16	0 24	0 32	0 40	0 48	0 56	0 02
5 00	0 05	0 10	0 20	0 30	0 40	0 50	0 60	0 70	0 025
10 00	0 10	0 20	0 40	0 60	0 80	1 00	1 20	1 40	0 05
15 00	0 15	0 30	0 60	0 90	1 20	1 50	1 80	2 10	0 075
20 00	0 20	0 40	0 80	1 20	1 60	2 00	2 40	2 80	0 10
25 00	0 25	0 50	1 00	1 50	2.00	2 50	3 00	3 50	0 14
30 00	0 30	0 60	1 20	1 80	2 40	3 00	3 60	4 20	0 15
35 00	0 35	0 70	1 40	2 10	2 80	3 50	4 20	4 90	0 17
40 00	0 40	0 80	1 60	2 40	3 20	4 00	4 80	5 60	0 20
45 00	0 45	0 90	1 80	2 70	3 60	4 50	5 40	6 30	0 22
50 00	0 50	1 00	2 00	3 00	4 00	5 00	6 00	7 00	0 25
55 00	0 55	1 10	2 20	3 30	4 40	5 50	6 60	7 70	0 27
60 00	0 60	1 20	2 40	3 60	4 80	6 00	7 20	8 40	0 30
65 00	0 65	1 30	2 60	3 90	5 20	6 50	7 80	9 10	0 32
70 00	0 70	1 40	2 80	4 20	5 60	7 00	8 40	9 80	0 35
75 00	0 75	1 50	3 00	4 50	6 00	7 50	9 00	10 50	0 37
80 00	0 80	1 60	3 20	4 80	6 40	8 00	9 60	11 20	0 40
85 00	0 85	1 70	3 40	5 10	6 80	8 50	10 20	11 90	0 42
90 00	0 90	1 80	3 60	5 40	7 00	9 00	10 80	12 60	0 45
95 00	0 95	1 90	3 80	5 80	7 50	9 50	11 40	13 30	0 47
100 00	1 00	2 00	4 00	6 00	8 00	10 00	12 00	14 00	0 50

PAILLE DE FROMENT & DE SEIGLE

ÉVALUATION DE LA RÉCOLTE EN PAILLE

CONTENces	PRODUIT DE L'HECTARE EN KILOS DE PAILLE.								PRODUIT complémre 50 kil.
	MINIMUM.		MOYEN.				MAXIMUM.		
	1,000 kil.	1,150 kil.	1,300 kil.	1,450 kil.	1,600 kil.	1,750 kil.	1,900 kil.	2,050 kil.	
hect. ares.									
0 01	10 00	11 50	13 00	14 50	16 00	17 50	19 00	20 50	0 50
0 02	20 00	23 00	26 00	29 00	32 00	35 00	38 00	41 00	1 00
0 03	30 00	34 50	39 00	43 50	48 00	52 50	57 00	61 50	1 50
0 04	40 00	46 00	52 00	58 00	64 00	70 00	76 00	82 00	2 00
0 05	50 00	57 50	65 00	72 50	80 00	87 50	95 00	102 50	2 50
0 10	100 00	115 00	130 00	145 00	160 00	175 00	190 00	205 00	5 00
0 15	150 00	172 50	195 00	217 50	240 00	262 50	285 00	307 50	7 50
0 20	200 00	230 00	260 00	290 00	320 00	350 00	380 00	410 00	10 00
0 25	250 00	287 50	325 00	362 50	400 00	437 50	475 00	512 50	12 50
0 30	300 00	345 00	390 00	435 00	480 00	525 00	570 00	615 00	15 00
0 35	350 00	402 50	455 00	487 50	560 00	612 50	665 00	717 50	17 50
0 40	400 00	460 00	520 00	580 00	640 00	700 00	760 00	820 00	20 00
0 45	450 00	517 50	585 00	652 50	720 00	789 50	855 00	922 50	22 50
0 50	500 00	575 00	650 00	725 00	800 00	875 00	950 00	1015 00	25 00
0 55	550 00	632 50	715 00	797 50	880 00	962 50	1045 00	1127 50	27 50
0 60	600 00	690 00	780 00	870 00	960 00	1050 00	1140 00	1230 00	30 00
0 65	650 00	747 50	845 00	942 50	1040 00	1107 50	1235 00	1332 50	32 50
0 70	700 00	805 00	910 00	1015 00	1120 00	1225 00	1330 00	1435 00	35 00
0 75	750 00	862 50	975 00	1087 50	1200 00	1312 50	1425 00	1537 50	37 50
0 80	800 00	920 00	1040 00	1160 00	1280 00	1400 00	1520 00	1640 00	40 00
0 85	850 00	977 50	1105 00	1232 50	1360 00	1487 50	1615 00	1742 50	42 50
0 90	900 00	1035 00	1170 00	1305 00	1440 00	1575 00	1710 00	1845 00	45 00
0 95	950 00	1092 50	1235 00	1377 50	1520 00	1662 50	1805 00	1947 50	47 50
1 00	1000 00	1150 00	1300 00	1450 00	1600 00	1750 00	1900 00	2050 00	50 00

PAILLE D'ORGE & D'AVOINE

ÉVALUATION DE LA RÉCOLTE EN PAILLE

CONTENce	PRODUIT DE L'HECTARE EN KILOS DE PAILLE.								PRODUIT complémre
	MINIMUM.		MOYEN.				MAXIMUM.		
	550 kil.	700 kil.	850 kil.	1,000 kil.	1,150 kil.	1,300 kil.	1,450 kil.	1,600 kil.	50 kil.
hect. ares.									
0 01	5 50	7 00	8 50	10 00	11 50	13 00	14 50	16 00	0 50
0 02	11 00	14 00	17 00	20 00	23 00	26 00	29 00	32 00	1 00
0 03	16 50	21 00	25 50	30 00	34 50	39 00	43 50	48 00	1 50
0 04	22 00	28 00	34 00	40 00	46 00	52 00	58 00	64 00	2 00
0 05	27 50	35 00	42 50	50 00	57 50	65 00	72 50	80 00	2 50
0 10	55 00	70 00	85 00	100 00	115 00	130 00	145 00	160 00	5 00
0 15	82 50	105 00	127 50	150 00	172 50	195 00	217 50	240 00	7 50
0 20	110 00	140 00	170 00	200 00	230 00	260 00	290 00	320 00	10 00
0 25	137 50	175 00	212 50	250 00	287 50	325 00	362 50	400 00	12 50
0 30	165 00	210 00	255 00	300 00	345 00	390 00	435 00	480 00	15 00
0 35	192 50	245 00	297 50	350 00	412 50	455 00	507 50	560 00	17 50
0 40	220 00	280 00	340 00	400 00	460 00	520 00	580 00	640 00	20 00
0 45	247 50	315 00	382 50	450 00	517 50	585 00	652 50	720 00	22 50
0 50	275 00	350 00	425 00	500 00	575 00	650 00	725 00	800 00	25 00
0 55	302 50	385 00	467 50	550 00	632 50	715 00	797 50	880 00	27 50
0 60	330 00	420 00	510 00	600 00	690 00	780 00	870 00	960 00	30 00
0 65	357 50	455 00	552 50	650 00	747 50	845 00	947 50	1040 00	32 50
0 70	385 00	490 00	595 00	700 00	805 00	910 00	1015 00	1120 00	35 00
0 75	412 50	525 00	637 50	750 00	862 50	975 00	1087 50	1200 00	37 50
0 80	440 00	560 00	680 00	800 00	920 00	1040 00	1160 00	1280 00	40 00
0 85	467 50	595 00	722 50	850 00	977 50	1105 00	1232 50	1360 00	42 50
0 90	495 00	630 00	765 00	900 00	1035 00	1170 00	1305 00	1440 00	45 00
0 95	422 50	665 00	807 50	950 00	1092 50	1235 00	1377 50	1520 00	47 50
1 00	550 00	700 00	850 00	1000 00	1150 00	1300 00	1450 00	1600 00	50 00

DES PAILLES

PRIX DES PAILLES

POIDS	PRIX DES 100 KILOS DE PAILLE. MINIMUM.		MOYEN.				MAXIMUM.		PRODUIT compléme
	2	3	4	5	6	7	8	9	05
kil. gr.	fr. c.	fr. c.	fr. c.	fr. c.	fr. c.	fr. c.	fr. c.	fr. c.	fr. c.
1 00	0 02	0 03	0 04	0 05	0 06	0 07	0 08	0 09	0 005
2 00	0 04	0 06	0 08	0 10	0 12	0 14	0 16	0 18	0 01
3 00	0 06	0 09	0 12	0 15	0 18	0 21	0 24	0 27	0 015
4 00	0 08	0 12	0 16	0 20	0 24	0 28	0 32	0 36	0 02
5 00	0 10	0 15	0 20	0 25	0 30	0 35	0 40	0 45	0 025
10 00	0 20	0 30	0 40	0 50	0 60	0 70	0 80	0 90	0 05
15 00	0 30	0 45	0 60	0 75	0 90	1 05	1 20	1 35	0 07
20 00	0 40	0 60	0 80	1 00	1 20	1 40	1 60	1 80	0 10
25 00	0 50	0 75	1 00	1 25	1 50	1 75	2 00	2 25	0 12
30 00	0 60	0 90	1 20	1 50	1 80	2 10	2 40	2 70	0 15
35 00	0 70	1 05	1 40	1 75	2 10	2 45	2 88	3 15	0 17
40 00	0 80	1 20	1 60	2 00	2 40	2 80	3 20	3 60	0 20
45 00	0 90	1 35	1 80	2 25	2 70	3 15	3 60	4 05	0 22
50 00	1 00	1 50	2 00	2 50	3 00	3 50	4 00	4 50	0 25
55 00	1 10	1 65	2 20	2 75	3 30	3 85	4 40	4 95	0 27
60 00	1 20	1 80	2 40	3 00	3 60	4 20	4 80	5 40	0 30
65 00	1 30	1 95	2 60	3 25	3 90	4 55	5 20	5 85	0 32
70 00	1 40	2 10	2 80	3 50	4 20	4 90	5 60	6 30	0 35
75 00	1 50	2 20	3 00	3 75	4 50	5 25	6 00	6 75	0 38
80 00	1 60	2 35	3 20	4 00	4 80	5 60	6 40	7 20	0 40
85 00	1 70	2 50	3 40	4 25	5 20	5 95	6 80	7 65	0 42
90 00	1 80	2 70	3 60	4 50	5 50	6 30	7 20	8 10	0 45
95 00	1 90	2 85	3 80	4 75	5 70	6 65	7 60	8 55	0 48
100 00	2 00	3 00	4 00	5 00	6 00	7 00	8 00	9 00	0 50

FRAIS ET PRODUITS

d'un hectare emblavé en avoine, en orge, en pommes de terre et en maïs.

NATURE de la RÉCOLTE	FRAIS. NATURE des FRAIS	QUANTITÉ	PRIX de L'UNITÉ	MONTANT	TOTAUX	PRODUITS. NATURE de la RÉCOLTE	QUANTITÉ	PRIX de L'UNITÉ	MONTANT	TOTAUX
AVOINE.	Fermage.	25 ares.	66 l'hect.	16 50	44 05	Avoine. . .	27 d.-d.	1 87	50 99	55 34
	Remence.	2 d.-d. 89	1 87	5 40		Paille. . .	87 kil.	0 05	4 35	
	Labour.	journ., 0.75	12 00	9 00						
	Moisson.	journ., 2.25	3 00	6 75						
	Rentrée.	»	»	2 00						
	Battage.	journ., 1.50	3 00	4 50						
ORGE.	Fermage.	25 ares.	66 l'hect.	16 50	46 05	Orge . . .	25 d.-d.	3 25	81 25	85 60
	Semence.	2 d.-d. 24	3 25	7 30		Paille . . .	87 kil.	0 05	25	
	Labour.	journ., 0.75	12 00	9 00						
	Moisson.	journ., 2 25	3 00	6 75						
	Rentrée.	«	»	2 00						
	Battage.	journ., 1 50	3 00	4 50						
POMMES DE TERRE.	Fermage.	25 ares.	66 l'hect.	16 50	64 25	Pommes de terre. . .	25 h. 50	2 50	60 25	60 25
	Semence.	3 hectol.	2 25	6 75						
	Labour.	journ., 0.75	12 00	9 00						
	Culture.	journ., 4.00	3 00	12 00						
	Arrachage.	journ., 5.00	3 00	15 00						
	Rentrée	»	»	5 00						
MAÏS.	Fermage.	25 ares.	66 l'hect.	16 50	46 10	Maïs . . .	25 h. 50	2 75	70 12	76 12
	Labour.	journ., 0.75	12 00	9 00		Paille . . .		»	6 00	
	Semence.	litres, 6.00	2 le d.-d.	0 60						
	Culture.	journ., 6.00	3 00	18 00						
	Rentrée.	journ., 4.00	3 00	12 00						
	Préparat.	journ., 5.00	3 00	15 00						
					220 55					277 31

En bonne année ordinaire, le produit étant de 277 31
Et la dépense de. 220 55

Le bénéfice est de. 56 76

FRAIS ET PRODUITS

D'UN HECTARE EMBLAVÉ EN FROMENT

FRAIS.				TOTAUX.	PRODUITS.				TOTAUX
NATURE des FRAIS	QUANTITÉ	PRIX de L'UNITÉ	MONTANT		NATURE des RÉCOLTES	QUANTITÉ	PRIX de L'UNITÉ	MONTANT	
Fermage.	1 hect.	66 00	66 00	290 00	Froment.	102 d.-d.	4 50	459 00	520 00
Labour.	3 journ.	12 00	36 00		Paille.	1525 k.	0 40	61 00	
Engrais.	10 m. c.	5 00	50 00						
Semence.	9 d.-d.	5 00	45 00		En bonne année ordinaire, le produit d'un hectare étant de. . . . . 520 fr.				
Moisson.	9 journ.	3 00	27 00		Et la dépense de. 290				
Rentrée.	»	»	15 00		Il y a un bénéfice net de. 230				
Battage.	102 d.-d.	0 50	51 00						

Frais de Culture des Récoltes ci-après :

NATURE des RÉCOLTES	QUANTITÉ	FERMAGE	LABOUR	ENGRAIS	SEMENCE	CULTURE	MOISSON ou RENTRÉE	BATTAGE	TOTAUX
Froment.	1 d.-d.	0 65	0 35	0 49	0 44	0 00	0 39	0 50	2 83
Avoine.	1 id.	0 61	0 33	0 00	0 20	0 00	0 32	0 16	1 62
Orge.	1 id.	0 66	0 36	0 00	0 29	0 00	0 35	0 18	1 84
Pom.de t.	1 hectol.	0 64	0 64	0 00	0 26	0 47	0 98	0 00	2 50
Maïs.	1 d.-d.	0 64	0 64	0 00	0 02	0 70	0 86	0 00	2 57

RENSEIGNEMENTS

1° Les frais de mouture sont de 25 centimes par double-décalitre, et le déchet est de 3 p. 100.

2° Les frais de fabrication pour l'eau-de-vie sont de 20 centimes par litre.

3° 125 kilos de farine donnent 160 kilos de pain.

TABLE DES MATIÈRES

Dijon, imprimerie J. Marchand, rue Bassano, 12.

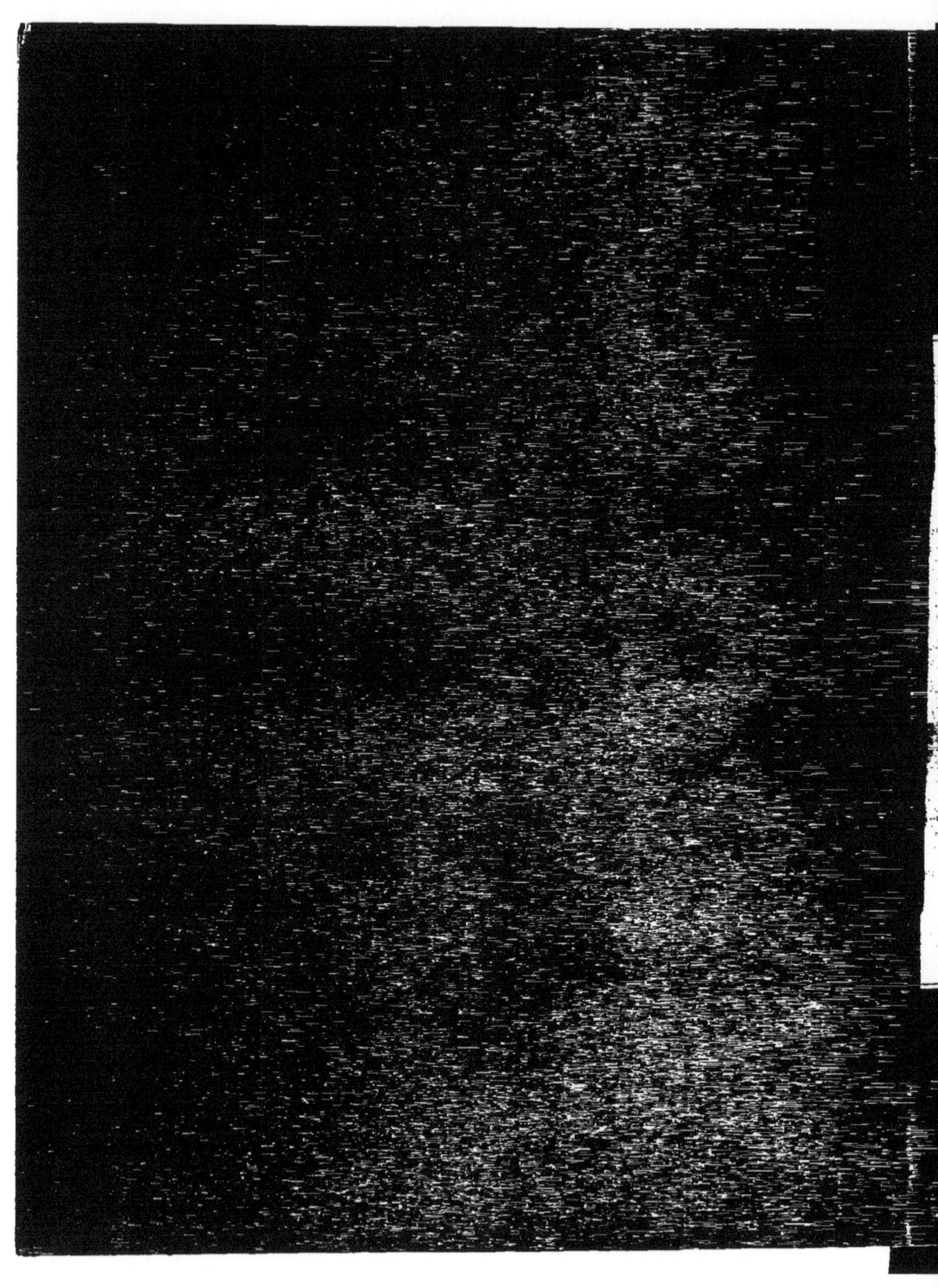

www.ingramcontent.com/pod-product-compliance
Ingram Content Group UK Ltd.
Pitfield, Milton Keynes, MK11 3LW, UK
UKHW012048240726
13965UKWH00003B/1121

9 782013 275354